POR UNA CONSTITUCIÓN ECOLÓGICA

Ezio Costa Cordella

POR UNA CONSTITUCIÓN ECOLÓGICA

Replanteando la relación entre sociedad y naturaleza

Catalonia

Costa, Ezio

Por una Constitución Ecológica / Ezio Costa Cordella

Santiago de Chile: Catalonia, 2021
180 pp. 15 x 23 cm

ISBN: 978-956-324-876-0

DERECHO
340

ECOLOGÍA HUMANA
304.2

Diseño de portada: Nicole Talle (www.nicoletalle.com)
Corrección de textos: Hugo Rojas M.
Dirección editorial: Arturo Infante Reñasco

Diagramación: Salgó Ltda.
Impresión: Salesianos Impresores S.A.

Primera edición: agosto, 2021
Registro de propiedad intelectual: 2021-A-7228
ISBN: 978-956-324-876-0

Santa Isabel 1235, Providencia
Santiago de Chile
www.catalonia.cl - @catalonialibros

Para Victoria, con amor

y para Aurora, con esperanza

Índice

Agradecimientos

Las ideas que se desarrollan en este libro son de muchas personas. Son de todos y todas quienes se han preocupado por la protección ambiental y desde sus distintas labores y espacios han ido aportando al desarrollo del movimiento ambiental.

Son, además, fruto de varias reflexiones colectivas en las que he podido participar desde al menos el año 2004, pero con mucha mayor intensidad desde la revuelta de octubre de 2019. Ahí comenzamos (las organizaciones, defensores y defensoras ambientales) a conversar sobre el tema en cabildos, asambleas, charlas, talleres, etc.

En el año 2020, los esfuerzos se formalizaron y tuve la fortuna de participar en encuentros regionales referidos a la Constitución Ecológica con cientos de personas en todas las regiones de Chile. Mientras tanto, la Sociedad Civil por la Acción Climática (SCAC), que es una red compuesta por más de 130 organizaciones sociales, ambientales, políticas, académicas y sindicales, hacía lo propio mediante conversaciones internas sobre los puntos que deberían estar en una Constitución Ecológica, lo que quedó plasmado en un documento con los resultados de esas conversaciones.[1]

Con la ONG FIMA[2] organizamos encuentros con académicas/os y activistas en los que profundizamos sobre los puntos que nos parecían más importantes. Tuvimos el orgullo de contar con grandes pensadores/as a nivel mundial, como la abogada ecuatoriana Natalia Greene, el académico español José Esteve Pardo, el líder político ecuatoriano Yaku Pérez, el relator de la ONU para el medio ambiente David Boyd, la economista española Carlota Pérez, el intelectual

1 La propuesta de SCAC es posible de leer en: https://www.porlaaccionclimatica.cl/wp-content/uploads/2021/02/PROPUESTAS-DE-LA-SOCIEDAD-CIVIL-POR-LA-ACCION-CLIMATICA-PARA-UNA-CONSTITUCION-ECOLOGICA.pdf.

2 La propuesta de ONG FIMA es posible de leer en https://www.fima.cl/wordpress/wp-content/uploads/2020/11/BASES-PARA-UNA-CONSTITUCIO%CC%81N-ECOLO%CC%81GICA-v.-25.11.20-1.pdf.

italiano Ugo Mattei, entre otros. Todas sus intervenciones son posibles de ver en video.[3] En paralelo, producimos un podcast en el que tratamos los temas de Constitución Ecológica con diversas personalidades nacionales, incluidos líderes ambientalistas como Dominique Espiñeira, Gonzalo Soto y Lorena Donaire, así como los y las poetas Mauricio Redolés, Daniela Catrileo y Rosabetty Muñoz, entre otros.[4]

Por último, y aunque mi participación en esto fue mucho menor, también se formó una "Red por el Constitucionalismo Ecológico", en la que académicos y académicas de diversas disciplinas y ciencias vertieron sus ideas y conceptos para lograr una Constitución Ecológica.

Pero le debo especiales agradecimientos a Sofía Rivera, quien colaboró directamente conmigo en todo el trabajo de este libro; a Aurora Coddou, quien contribuyó en la narración de algunas de las historias que se contienen en esta obra, y a Javier Simonetti y Gabriela Burdiles, quienes obraron como revisores, haciendo un trabajo lleno de cariño y profesionalismo.

Todos los errores que contenga esta obra son de mi responsabilidad. Todos los aportes son gracias al esfuerzo colectivo.

3 Disponible en: https://www.youtube.com/playlist?list=PLR9Zz6s4WhfHSRxJL5y6_ObQC4qIq2Hme.

4 Disponible en: https://open.spotify.com/show/3dls2oo9q9j5cYoptp7T4D?si=j-1maN24QSieo5uHoi3TsAA&dl_branch=1.

I. Introducción

Mientras escribo estas páginas, nos encontramos en un proceso constituyente que es esencial para los pueblos de Chile, y que puede también ser un hito significativo a nivel global. Es uno de los primeros procesos constituyentes en medio del reconocimiento abierto de la crisis climática y ecológica, la que no solo nos amenaza hacia el futuro, sino que ya nos está dañando en la actualidad.

La reciente pandemia del Covid-19 no hace otra cosa que confirmar lo anterior. El auge de este nuevo virus está asociado a la zoonosis; vale decir, la transmisión de animales a personas. Ese contagio se hace más común en la medida en que se van destruyendo los hábitats en que animales y otras formas de vida se desarrollan.

Mientras tanto, la sequía que se prolonga hace 10 años en la zona central de Chile es, probablemente, la nueva realidad para este sector del país, siendo incluso esperable que empeore si la temperatura promedio a nivel global sigue subiendo por el cambio climático y los glaciares aceleran su derretimiento. Entre los factores de vulnerabilidad de Chile frente a la crisis climática, precisamente, está la manera en que nos proveemos de agua, que junto a otros 6 factores similares nos hacen tener 7 de las 9 condiciones de vulnerabilidad reconocidas internacionalmente.[1]

Para empeorar la situación, tenemos una economía basada en la extracción de materias primas y con ello contribuimos más a la destrucción de los ecosistemas que necesitamos para soportar el cambio climático y para adaptarnos. Siguiendo este camino, no solo nos haremos más pobres, sino que además los medios que tenemos

---

1 IPCC. *Climate Change 2014: Impacts, Adaptation, and Vulnerability. Part B: Regional Aspects. Working Group II Contribution to the Fifth Assessment Report of the Intergovernmental Panel on Climate Change.* Cambridge University Press, Cambridge, 2014, pp. 1.499 y siguientes. Disponible en: https://www.ipcc.ch/site/assets/uploads/2018/02/WGIIAR5-PartB_FINAL.pdf.

para enfrentarlo se harán más escasos. Necesitamos cambios radicales en nuestra relación con la naturaleza y en las estructuras que la gobiernan.

Esos cambios están, además, vinculados de manera profunda con los cambios sociales que el país ha demandado. La desigualdad social, en clave ambiental, nos muestra imágenes impresentables, como las verdes laderas de cerros coronando a valles completamente secos y llenos de animales muertos, o los colegios que suspenden sus clases para que los niños no se contaminen al asistir mientras las chimeneas de las industrias circundantes siguen emitiendo los gases que los enferman.

Algo similar sucede en relación con la desigual distribución del riesgo, pues mientras una mayoría de personas en situaciones económicas vulnerables se ven también expuestas a mayores riesgos socioeconómicos y ambientales que son producto de la crisis climática, unos pocos privilegiados tienen las herramientas para sortear ese riesgo sin daños. Quienes tienen esos privilegios, además, han sido en general quienes más han contribuido a crear la crisis.

Pensemos en una persona que trabaja para la agricultura en la región de Valparaíso y que, ganando un poco más del mínimo, mantiene a su familia. Es posible que esa persona habite en una construcción más o menos ligera, en zonas de riesgo como son cerca de la costa o de quebradas que están en riesgo de aludes o de incendios forestales, como sucede anualmente con algunos cerros de Valparaíso. Viviendo allí su vida está en riesgo. Aunque no viva ahí, de todas maneras su trabajo está en riesgo, porque la sequía y la pérdida de tierras cultivables producto de la desaparición de ecosistemas y biodiversidad va a disminuir el trabajo agrícola en la región.

Típicamente, la reconversión laboral es complicada. Esa complejidad se ve aumentada cuando hablamos de trabajadores no calificados, personas que además suelen tener menos ingresos. Si nuestra persona del ejemplo no encuentra trabajo en la agricultura de la región, lo más probable es que tenga que buscarlo en otra región, con todas las complejidades que ello significa. Irá a engrosar la lista de los migrantes climáticos internos, que son las personas que se ven obligadas a migrar de sus territorios producto de los efectos del cambio climático en los mismos.

Seguramente, además, en su acercamiento a otro sector rural o urbano perderá redes, afectos, certezas y bienes. Cambiar de ciudad, como cualquier persona que lo haya hecho sabe, es un proceso caro y emocionalmente complejo. Cambiar a una familia completa puede ser aún más difícil. A falta de políticas públicas que contengan el problema, es muy probable que esta persona y su familia pasen a una situación de pobreza.

Pero no únicamente la falta de políticas públicas habrá jugado en su contra, sino que también la existencia de políticas que mantienen la promoción de la industria extractiva como la clave de desarrollo del país, ya que mientras generan acumulación en una pequeña parte de la población, en desmedro tanto de la mayoría como del colectivo.

Nos lo recuerda Chihuailaf,[2] cuando se enfrenta a un viento que ya no trae la vida que él y el pueblo mapuche recuerdan:

Sopla el viento del mar en un país extraño
Pero nosotros no olvidamos
El olor de los canelos y arrayanes
Que llenaban los pulmones

Ese país extraño es el Chile actual, esos bosques son ahora terrenos dedicados a la industria forestal o agrícola; ya no son bosques, ya no traen el olor del bosque, ya no llenan los pulmones aunque permitan respirar.

En el cruce entre problemas ambientales y sociales suelen existir propuestas de solución que, intentando hacerse cargo de una variable, empeoran las condiciones generales. Así, en el ejemplo, la industria agrícola regional puede ofrecer una solución al dilema del menor rendimiento de las tierras, talando los bosques esclerófilos de las laderas de los cerros y plantando en su lugar frutales, cuestión

2 Chihuailaf, Elicura. "Antes desaparecieron (a) nuestros hermanos, nuestras hermanas selknam". En: *Sueños de Luna Azul y otros cantos*, Fundación Pablo Neruda, 2018, p. 34.

que permite mantener el trabajo de las personas en la zona. El costo de esta práctica es que a corto plazo aumentará la crisis hídrica en el lugar donde se realiza, pues interrumpe de manera aún más grave el ciclo del agua. Además, crece el riesgo de aludes, disminuye la biodiversidad, interrumpe el ciclo de nutrientes del suelo y, finalmente, empeora las condiciones ambientales y sociales del lugar. El problema ya no será entonces que el agricultor deba migrar a falta de trabajo en la industria agrícola en su región, sino que el problema será que contará con menos de 100 litros de agua potable diarios por persona en su hogar, o que en una repentina lluvia un alud destroce parte de su casa.

Ver los impactos que una actividad va a provocar y atender a su distribución constituyen una tarea complicada. Ver los impactos que la suma de actividades que se desarrollan en un lugar, en un escenario de crisis climática y ecológica, es aún más difícil. Quienes tienen la oportunidad de desarrollar actividades reclaman que se les dé mayor certeza a sus negocios y su propiedad, mediante autorizaciones que son cada vez más riesgosas y que van, a su vez, erosionando la certeza de las demás personas que habitan en un territorio.

El agricultor de nuestro ejemplo, el dueño de los cerros de bosque esclerófilo e incluso quien debe tomar una decisión a nivel local tienen incentivos alineados, en el corto plazo, a favor de una mayor intervención al medio ambiente. Para cambiar esos incentivos se requiere un esfuerzo consciente por considerar condiciones de largo plazo, cuestión que no es posible lograr sin la existencia de conocimiento suficiente y de relaciones humanas e institucionales que tiendan hacia las soluciones de largo plazo que beneficien al colectivo, del cual forman parte tanto el agricultor, como su trabajador. Son condiciones que en Chile no hemos construido, e incluso hemos derruido, en las últimas décadas.

No es casual que el discurso de Chile, una vez que le tocó presidir la Conferencia de las Partes número 25 (COP25, por su acrónimo) de la Convención Marco de las Naciones Unidas sobre el Cambio Climático (UNFCCC, por su sigla en inglés), haya estado marcado por intentar arrastrar a los privados a comprometerse en una agenda más ambiciosa, dándoles a ellos un lugar central e incluso eligiendo al primer Champion[3] proveniente del mundo privado. No es solo la irremediable fe neoliberal en la acción privada como ordenadora de la sociedad, sino que también la imposibilidad, por parte de Estados como el nuestro, de proveer soluciones efectivas.

Existen barreras considerables para encontrar soluciones de mediano y largo plazo que favorezcan al colectivo y que vayan cambiando la trayectoria de nuestra relación con la naturaleza. Hay barreras económicas, sociales, jurídicas, políticas y culturales, y no podemos negar que abordarlas todas es un trabajo que probablemente tome varias décadas e incluso quizás siglos. El proceso constituyente nos entrega la opción de comenzar, y ¿qué mejor lugar que éste?, ¿qué mejor tiempo que ahora?

Debemos superar la maldición que nos observa Chihuailaf:[4]

En la ciudad, canarios de verdades últimas
Intentan aprehender nuestros susurros
Mas en sus jaulas, resentidos, solo gritan
Gritan

No es el grito desde una jaula por si solo el que va a cambiar las condiciones, menos aún si el grito es un trino distorsionado que, intentando belleza, se convierte en resentimiento. La conducción de ese canto, el desmantelamiento de la jaula y la captura del susurro que permite la vida, es parte de las funciones de un acuerdo social, es parte de lo que puede capturar una Constitución.

Si la Constitución que Chile se propone redactar y poner en vigencia en los próximos años pretende tener alguna lógica de realidad, es esencial que ella tome como base las condiciones

---

3 Champion es la forma en que se denomina a una persona que es nombrada defensora del medio ambiente. En el caso de las Conferencias de las Partes, este Champion es nombrado por el Presidente del país que encabeza la Conferencia, y tiene el objetivo de difundir sus mensajes de acción climática, participando de actividades y compromisos nacionales e internacionales. Para la COP25, Chile nombró como Champion a Gonzalo Muñoz, un empresario que ha participado en la creación de empresas con valor social y que tienden hacia un mejor comportamiento en relación con el medio ambiente. Ver: https://unfccc.int/es/news/chile-anuncia-el-nuevo-paladin-de-alto-nivel.

4 Chihuailaf, Elicura. Op. cit., p. 34.

ambientales en las que se desarrollará la comunidad jurídico-política que constituye a nuestros pueblos y nuestra nación. Esas condiciones quizás no son completamente conocidas en su detalle, pero varias de ellas ya están presentes o son previsibles. Al menos, el hecho de que esas condiciones están cambiando es un hecho ampliamente comprobado.

Quizás uno de los factores diferenciadores entre el pensamiento del siglo XX y el del siglo XXI es el aumento de la conciencia en materia ambiental. Sin embargo, esto no se ha convertido aún en sistemas sociales, económicos y jurídicos que den cuenta de los desafíos que se nos imponen. El impulso destructivo de las ideologías dominantes en el siglo XX y sus modos han mantenido la hegemonía en sus diversos espacios, apenas intentando acomodarse a una nueva realidad que los supera.

En el caso del Derecho, es importante entender que, para la disciplina, la relación con el medio ambiente como un sistema interconectado de elementos y procesos es una cuestión del todo novedosa. Apenas en 1972 se comenzaron a sentar algunas bases sobre lo que esto podría significar y, si bien el desarrollo ha sido acelerado desde entonces, ha sido altamente insuficiente.

Mientras una gran cantidad de constituciones en el mundo han garantizado el derecho humano al medio ambiente sano y otras han incorporado los derechos de la naturaleza, para el Derecho, en términos generales, el medio ambiente sigue siendo un espacio desconocido, fraccionado en recursos naturales que son tratados de manera diferenciada, con especial preocupación en su explotación y apropiación. La lógica dualista y el entender el mundo dividido en las categorías de personas y cosas no ha ayudado en este sentido.

El Derecho no ha sabido, hasta ahora, incorporar la dimensión espacial ni el pensamiento sistémico entre sus modos, ni menos hacerse cargo de la protección de los procesos naturales. No es menos cierto que las lógicas de protección de los recursos y de sustentabilidad se han ido colando en las normativas sectoriales, pero ello está lejos de poder contrapesar un impulso normativo e institucional que tiene cientos de años de funcionamiento, con lógicas que han sido pulidas para la explotación, normas creadas para ello, profesores dedicados a enseñarlo, jueces que lo manejan desde esa lógica y manuales de texto que quizás incluyeron en sus últimas ediciones un capítulo sobre la protección del recurso, pero que se dedican de manera sistemática a tratar una rama del Derecho dedicada a la explotación.

Es cuestión de tomar una ley de bosques, de aguas o de pesca en Chile, o en casi cualquier otro país. Hay una historia de cómo se dividen esos recursos, quiénes pueden explotarlos, cuál es el rol del Estado y cómo se solucionan conflictos entre privados, y entre ellos y la autoridad. El bien común puede estar representado en una mayor capacidad regulatoria del Estado, en el mejor de los casos, pero muy pocas veces en una visión colectiva de largo plazo. La protección del recurso por su valor de permanencia puede haberse incorporado en los últimos años (generalmente, bajo la fórmula de la sustentabilidad), pero de seguro no calza por completo con todo el resto de la regulación, volviéndose un problema su aplicación.

Miremos el Código de Aguas de Chile. Esta norma declara el agua como un bien nacional de uso público, pero se les entrega a los privados de manera perpetua y sin condiciones. En su formulación original no tenía ninguna norma expresa sobre protección del medio ambiente, y, aunque podemos interpretar que la mantención del ciclo del agua es una obligación para los tenedores de aguas, no hay una norma que lo explicite y lo haga claramente fiscalizable y sancionable. Recién en 2005 se incorporaron normas pensadas en la protección del ecosistema (y con ello del ciclo del agua), con el llamado "caudal ecológico". Ese caudal mínimo, sin embargo, se ha aplicado solo a derechos nuevos, que son una ínfima parte de los derechos de aguas otorgados, en un país que se seca y que además ha entregado más derechos de aguas que el agua que efectivamente hay disponible en la cuencas.

¿Por qué sucede algo como lo anterior? Hay varias razones, políticas y jurídicas, pero, para lo que interesa en esta introducción, diré solamente que tiene que ver con la falta de adecuación normativa a la nueva realidad ambiental. No basta con pequeñas adiciones en las leyes o con haber redactado que tenemos "derecho a vivir en un medio ambiente libre de contaminación", sino que se requiere de cambios sistemáticos en varios frentes.

La lucha por el cambio en los sistemas de producción y consumo, en los sistemas sociales y en los sistemas políticos son tan importantes como aquella que aboga por un cambio en el sistema jurídico, que integre valores y visiones propias del nuevo siglo, marcado por un re-conocimiento de nuestra fragilidad y una valoración ética diferente. No tenemos efectivamente control sobre el medio ambiente, sino que necesitamos proteger los ecosistemas para protegernos a nosotros mismos, a quienes nos sucederán y a la naturaleza misma.

Por supuesto que en 50 años de derecho ambiental las cosas han cambiado, tanto en Chile como en el mundo. Mientras en 1972 creíamos que había una gran degradación ambiental, en 2020 sabemos que estamos en medio de la sexta extinción masiva de especies, que la Tierra ya se calentó en más de un grado Celsius y que un porcentaje significativo del agua dulce del planeta está contaminada. Todo lo anterior mientras discutíamos los alcances de un derecho humano a vivir en un medio ambiente sano, que logra tener una interpretación de la Corte Interamericana de Derechos Humanos recién en 2017.

Los cambios sistémicos son urgentes y estamos en posición de comenzarlos. En la calle se ha dicho que "el neoliberalismo nace y muere en Chile", y aunque los méritos de realidad de esa frase sean dudosos es un hecho que ella contiene la marcada esperanza de que tenemos por delante la oportunidad de crear lo nuevo, lo que vendrá. Quizás esta vez podamos darle al mundo un primer avance de un nuevo sistema que permita vivir en armonía con la naturaleza y que, por lo tanto, nos dé más esperanzas hacia el futuro.

Este libro explora los detalles del concepto de "Constitución Ecológica", que resumidamente hace referencia a las normas que se contengan en una Constitución de manera transversal y que, poniendo a la protección ambiental como uno de los ejes centrales de la organización social, persiga armonizar las actividades de la sociedad y la naturaleza.

Partiré explorando las razones que llevan a encontrarnos en la necesidad de plantear la existencia de una Constitución Ecológica como algo urgente, observando la realidad global y nacional, y siendo conscientes del tremendo desafío que significa cambiar formas y culturas jurídicas.

En seguida, abordaré las maneras en que el Estado debiera guiar su actuación para efectos de dar pie a una Constitución Ecológica, así como consideraciones sobre la integración de un concepto de territorio que sea más acorde a la forma en que hoy entendemos la relación entre las personas y los ecosistemas. Para lograrlo, importa también que el poder sea redistribuido entre las distintas esferas que lo tienen hoy, y también entre aquellas que actualmente se encuentran invisibilizadas.

La fuerza de los territorios, como oposición a la centralidad del poder, y de las personas como oposición al Estado y a los capitales resultan claves en la posibilidad de reconcebir nuestra relación con la naturaleza y, por lo tanto, poder efectivamente protegerla. Ello se observará tanto en lo que dice relación con la organización del Estado, como en lo que se refiere a los derechos fundamentales en materia ambiental; un reconocimiento de mínimos que colectivamente podemos hacer valer frente al poder constituido.

Sin embargo, probablemente lo más trascendental sea pensar en la naturaleza y cambiar nuestro modo de vida. En ambas cosas, la Constitución Ecológica constituye un esfuerzo de gran importancia, pero claramente no se agotan en ella las nuevas visiones que requerimos para cuidar nuestro hogar y hacer frente a las injusticias y la crisis climática y ecológica.

La nueva Constitución de Chile no va a cambiarlo todo, ni para nosotros ni para nadie, pero puede constituir una primera piedra fundamental en ese cambio. Este libro es una invitación a soñar con esa posibilidad y a reflexionar sobre las maneras en que la Constitución puede contener un esfuerzo realista, desde el derecho, por llevarnos en esa dirección.

II. ¿Por qué una Constitución Ecológica?

1. Historia de un sacrificio

El día martes 21 de agosto de 2018, a las 11:00, el aire invernal que corría por el Liceo Politécnico de Quintero prácticamente no se podía respirar. Estudiantes, profesores, profesoras y asistentes de la educación percibían un fuerte olor a gas. Pocas horas después, 53 de ellos serían internados de urgencia en el hospital de Quintero, por señales de intoxicación. No era un hecho nuevo para quienes habitan la bahía, pues cada cierto tiempo se produce este tipo de intoxicaciones en las escuelas del lugar.

Pero dos días después y sin respuestas aún de lo ocurrido, ya no se trataba solamente del olor a gas: una nube de polvo amarillo flotaba sobre la bahía, y los vómitos, mareos y pérdida de los reflejos eran parte de los signos que dejaban a otras 133 personas en urgencias, que en ese punto había comenzado a colapsar por falta de capacidad. Ese mismo jueves se tuvieron que levantar distintos hospitales de campaña en el territorio de Quintero, para hacer frente a los síntomas que no parecían acabar, al mismo tiempo que el Ministerio del Medio Ambiente enviaba un equipo de medición para intentar comprender lo que estaba ocurriendo. La problemática solo seguiría creciendo con el pasar de los días.

Entre la confusión e incertidumbre que se propagaban junto al aire tóxico, surgían distintas teorías para intentar explicar el fenómeno. La más llamativa sería la del entonces intendente regional de Valparaíso, Jorge Martínez, quien, bajándole el perfil a la crisis, simplemente señaló que el residuo amarillento en el aire se trataba de polen, y que todo esto era un fenómeno normal para la época del año.

Era 2018 y aún no se coleccionaban las frases de personeros de gobierno en desprecio de la gente, pero sin dudas esta debiera estar junto a otras tan célebres como la invitación de Felipe Larraín, ministro de Hacienda, a comprar flores en lugar de pan dado el alza de este, o la del ministro de Economía Juan Andrés Fontaine, llamando a las personas a levantarse más temprano para no pagar el alza del precio del metro. Son parte del combustible para la revuelta de octubre de 2019.

Por supuesto, la nube de gases no era un fenómeno primaveral cargado de polen, sino que gases tóxicos que aún no han sido determinados con absoluta certeza, pero que, de acuerdo con los análisis preliminares, probablemente contendrían compuestos orgánicos volátiles que se sumaron al anhídrido sulfuroso habitual en la zona. Los elementos, tóxicos para la salud, podrían causar graves daños a niveles hepáticos, hormonales y celulares, según aseveró en ese entonces Andrei Tchernitchin, toxicólogo, presidente del Departamento Ambiental del Colegio Médico. Más adelante, la información sería confirmada y luego desmentida, por las mismas fuentes oficiales: la máquina para medir gases que había sido enviada por el Ministerio de Medio Ambiente no habría sido operada correctamente, pues no había capacidad para usarla.

Lo que todos y todas buscaban era una cosa: respuestas. ¿De dónde provenían las sustancias tóxicas en el aire? ¿Cómo había ocurrido esto? ¿Había vuelta atrás o la contaminación ya era un asunto irreversible? El caso conocido popularmente como "el Chernóbil chileno" comenzaba a tomarse todas las portadas de diarios y noticieros, haciendo visible una situación que se venía gestando desde hace varias décadas y que corresponde al "sacrificio ambiental" de un territorio y sus habitantes.

Habitantes de la bahía, sindicatos de pescadores, organizaciones ambientales, la Defensoría de la Niñez y el Instituto Nacional de Derechos Humanos presentarían acciones judiciales en busca de una solución al asunto, y el resultado llegaría en mayo de 2019, cuando la Corte Suprema reconoció la existencia de una violación a los derechos de las personas que habitan en la bahía, y ordenó a la administración del Estado[5] cumplir una serie de medidas para remediarla. A fines de 2020, mientras escribo estas páginas, la

5 Corte Suprema, STC Rol N° 5888-2019.

situación sigue muy similar y las medidas no han sido tomadas por la autoridad.

La bahía de Quintero fue históricamente un asentamiento pesquero y agrícola, con alta productividad natural en ambos rubros. Hoy, es un asentamiento industrial con poco más de 30 mil habitantes y en cuyo territorio se cuentan 15 industrias altamente contaminantes, incluyendo 4 unidades de generación termoeléctrica en base a carbón, dos terminales petroleros, una planta de regasificación, industrias químicas y cementeras, puertos industriales (para el carbón y el petróleo) y una refinería de cobre, entre otros. Los habitantes de la bahía tienen que soportar anualmente más de 200 días de situación crítica por diversos contaminantes, pero especialmente por MP10, MP2,5, SO_2 y NO_X. Periódicamente, se registran crisis en que parte de la población cae hospitalizada porque el aire se vuelve irrespirable. En la de 2018, casi 2.000 personas sufrieron intoxicaciones de diversa gravedad por efecto de los contaminantes en el aire.

Es una zona que no solo ha sido puesta en sacrificio, sino que además es generadora de impactos a nivel global, dada su dedicación primordial a los combustibles fósiles, con su consabida emisión de gases de efecto invernadero (GEI).

Esta degradación, que se sigue profundizando hasta hoy, comienza en la década de los 1960 cuando Chile celebraba la industrialización: el modelo de sustitución de importaciones traía oportunidades de trabajo y un sueño latente de progreso para el país y se creaban bajo la ansiedad de generar ingresos y oportunidades de trabajo rápido, maximizando las ganancias y sin ninguna conciencia de las consecuencias ambientales que ello acarrearía.

Esta visión ha sido lamentablemente extendida en el tiempo, a pesar del avance de los conocimientos, permitiendo que hasta hoy haya intereses públicos y privados relacionados con el bienestar material y financiero que se ponen por sobre las posibilidades de vida y la mantención de la salud de miles de personas.

El caso de la bahía de Quintero es una buena muestra de muchos de los problemas de nuestro pacto social, que nos llevan a tener una relación de destrucción con nuestro entorno, comprometiendo la vida y también las posibilidades de las generaciones futuras. La nueva Constitución puede movernos en una dirección diferente, cambiar en parte nuestra trayectoria y hacer más posible que nuestro pacto social considere una armonía con la naturaleza.

2. Las constituciones y el pacto social

Las constituciones, de alguna manera crean a los países. Son un acto formal y, aunque por supuesto no constituyen el único que define cómo será un país, son un eslabón fundamental en el proceso de construcción de un país, porque marcan el espíritu con el que se enfrentará la vida social, señalando caminos más cercanos al individualismo o lo colectivo, que irán siendo seguidos en lo sucesivo por las leyes, los jueces, las políticas públicas y las deliberaciones.

La Constitución es el acto primordial de organización de la comunidad y de distribución del poder en un país. La distribución del poder es sin dudas definitoria de cómo se podrán hacer las cosas en el futuro, pues todo el poder puede (o no) encontrar una fuente de legitimidad en la Constitución. Estas normas fundamentales son determinantes en la acumulación o la dispersión del poder económico, político y social.

Por supuesto, es el poder político el que más se ve afectado de manera directa por la Constitución, porque es ella la que lo moldea en sus formas más básicas: ¿Quién define las leyes? ¿Quiénes pueden influir en crear regulaciones? ¿Cómo y quiénes pueden ser electos representantes? ¿Estarán las regiones o el gobierno central a cargo de otorgar autorizaciones a la industria? ¿Cómo participan las comunidades en las definiciones sobre su territorio?

Pero el poder económico también encuentra en la Constitución sus bases de legitimidad. Si el derecho de propiedad y el derecho de libertad económica son los derechos privilegiados y protegidos, como sucede en la Constitución de 1980, entonces es más probable que el poder económico se tienda a concentrar. Si los derechos sociales son mercantilizados como en el Chile actual, y, por ejemplo, el acceso a la educación se divide de acuerdo a las posibilidades de pago, es más probable que tengamos una sociedad segregada que reproduzca sus privilegios o carencias para ciertos grupos.

Tanto el poder político como el poder económico pueden obrar a favor o en contra de la protección del medio ambiente, y será gracias a los poderes que la Constitución concede y regula que una determinada fuerza tendrá la capacidad de afectar el medio ambiente. Vale decir, esa afectación ambiental se va a dar en buena parte porque la comunidad organizada lo permite.

Este último punto es trascendental para contestar al porqué de una Constitución Ecológica. Las actividades que dañan el medio ambiente, o lo protegen, suceden en su mayoría al amparo de la normativa legal y constitucional, y no en contra de ella. Incluso, varias de ellas son activamente impulsadas por nuestro sistema y sus controladores. Algunas de esas actividades pueden ser socialmente más o menos legítimas, pero en general son permitidas por la ley y por la Constitución.

Son muchos los factores que influyen en lo anterior, pero centrémonos en dos que se relacionan directamente con la Constitución. Primero, la Constitución de 1980, al igual que todas las constituciones anteriores de Chile, son normas que resultaron impuestas al país y no han sido el fruto de una deliberación democrática. Nunca entonces, hemos decidido cómo es que preferiríamos que el medio ambiente sea tratado en la Constitución, ni cómo nos relacionaremos con él. No lo hemos reflexionado a nivel país, no lo hemos discutido y hemos invisibilizado una deliberación que sí se ha llevado a cabo en los territorios, entre las organizaciones ambientalistas y sociales, y en la academia, pero solo a partir de las últimas décadas.

Y el segundo punto, que es crucial, dice relación con que el medio ambiente y sus elementos se dieron por sentados por siglos. Se estimaba que la invariabilidad del clima, por ejemplo, era una condición constante, o que los recursos naturales eran relativamente inacabables. Mientras nuestro himno, canciones, poesías, tradiciones e imaginario transcurren por la diversidad de paisajes de

Chile, al mismo tiempo dábamos por hecho que esa definición del país era la que nos acompañaría siempre. Recién ahora nos damos cuenta de que nada de esto es así.

Uno de los puntos centrales de una Constitución Ecológica, entonces, consiste en reflexionar y deliberar sobre el país que queremos construir, y cómo se relacionará nuestra sociedad con el medio ambiente. Proteger los ecosistemas de manera de que Chile siga siendo Chile, y dejar a las generaciones futuras de nuestras hijas/os y nietas/os la posibilidad de habitar un país mejor que el que nos tocó a nosotros. La repartición del poder político y económico ya no puede hacerse sin considerar que su acumulación y sus formas influirán en la relación que tenemos con el medio ambiente, y en el medio ambiente en sí mismo.

3. La crisis climática y ecológica

Las constituciones tienen entre sus funciones, y también en el análisis de su realidad histórica, una misión fundamental de responder a los desafíos de su tiempo, y no podemos obviar, por lo tanto, que el gran desafío de nuestros tiempos –en el que estamos todos, independientemente de nuestras preferencias político-partidistas y de nuestra visión de mundo– es la crisis climática y ecológica.

Nos referimos, en primer lugar, a la manera en que los humanos hemos afectado el clima del planeta, de forma tal que llegamos a estar en camino a volverlo cada vez más inhóspito para nuestra propia existencia y la de las otras especies de seres vivos que nos acompañan. El promedio de temperatura de la Tierra viene aumentando desde la revolución industrial a propósito del aumento en los gases de efecto invernadero, producido por nuestra quema de combustibles fósiles y la deforestación, principalmente.

Además, nos referimos al proceso de extinción masivo de especies, ampliamente documentado y que es provocado, fundamentalmente, por la pérdida de hábitats de las especies, lo que se debe a nuestra intervención en dichos territorios; ya sea talando bosques para vender la madera, quemando selvas para plantar árboles frutales o secando ríos para regar esos árboles En cada una de esas intervenciones supuestamente productivas se pierden hábitats y las funciones ecosistémicas de dichos espacios, entre las que se cuenta, claramente, albergar a la biodiversidad, pero también mantenernos alejados de enfermedades como el Covid-19, que tan bien conocemos en estos momentos. La cura para muchas enfermedades está también en la biodiversidad, quizás en especies que ya perdimos.

El proceso de degradación de la Tierra, producto de la acción humana, fue en su comienzo inadvertido, pero desde que nos dimos cuenta de él hasta ahora han pasado varias décadas sin que seamos capaces de reaccionar con la urgencia necesaria. Afortunadamente, al menos el desafío planetario de la crisis climática parece estar siendo asumido de manera cada vez menos tímida por las naciones del mundo y los organismos internacionales, lo que augura un posible camino de salida de esa variable, referenciado como transición a economías carbono neutrales[6] o transición ecológica.

Vamos bastante tarde, pues la trayectoria de emisiones actuales, aunque se cumplan los compromisos del Acuerdo de París, nos pone en un aumento promedio de temperatura de la Tierra por sobre los 2º, que es el máximo al que aspirábamos (a pesar de ser un riesgo para la vida humana) y el máximo del que hemos estudiado las consecuencias. Entre esas consecuencias se cuenta el aumento del nivel del mar en 56 cm al 2100, la pérdida de 80% del Ártico, 35 días más de verano en promedio, severas olas de calor y de frío de manera más frecuente, 200 millones de personas más en el mundo que estarán expuestas a las sequías severas y una pérdida del 13% del PIB global per cápita.[7]

La crisis climática y ecológica nos expone severamente, con múltiples riesgos para nuestro bienestar individual y colectivo. En Chile, sabemos bien lo que significan los desastres asociados a la

6 La carbono neutralidad hace referencia a la no emisión de gases de efecto invernadero o a la neutralización de las emisiones mediante su captura.

7 Disponible en: https://interactive.carbonbrief.org/impacts-climate-change-one-point-five-degrees-two-degrees/?utm_source=web&utm_campaign=Redirect.

naturaleza. Mientras los terremotos no tienen relación con este proceso, otros desastres como la sequía, los grandes incendios forestales y las inundaciones sí son potenciados por el proceso de crisis climática, exponiendo nuestras vidas y nuestras formas de subsistencia.

Todos estos eventos eran gestionados, hasta hace muy poco, como eventos accidentales, aunque cíclicos, en los que la única posibilidad era cierto nivel de prevención y, sobre todo, la reacción. Pero no se veía que estos eventos eran –y son–, en realidad, provocados por nosotros mismos, y por qué entonces debemos también preocuparnos de las consecuencias que tienen muchas actividades que hasta el momento son valoradas por la comunidad, muchas veces no viendo los costos que ellas tienen para nosotros mismos y para nuestras hijas/os y nietas/os.

Las precipitaciones en el centro sur de Chile disminuirán a niveles aún peores de los que estamos hoy. Los glaciares se derretirán, las marejadas aumentarán, las olas de calor cobrarán más muertos. ¿Qué debiéramos hacer?

Muchas personas se preguntan si es pertinente que hagamos algo desde Chile. Algunas dicen que somos un país pequeño en términos de emisiones, algunas creen que somos un país sin influencia y otras creen que somos muy pobres y que debemos crecer económicamente antes de actuar. Me parece que estas visiones no ven el panorama completo.

La mayoría de las actividades que nos han puesto en esta crisis son actividades locales. Pueden estar interconectadas globalmente, pero son locales y producen impactos locales y globales. Las mismas termoeléctricas que contaminan suelo, agua y aire en las "zonas de sacrificio"[8] son las que emiten GEI y potencian las crisis. Los mismos bosques nativos que se talan para aumentar la superficie

8 El término "zonas de sacrificio" es una denominación que se da a ciertos sectores cuya carga, en términos de procesos industriales contaminantes y daño ambiental, es considerablemente mayor que en otros lugares, produciéndose entonces el sacrificio de una zona para el supuesto bienestar de las demás. Se dice que es una muestra de discriminación hacia las personas que habitan en esas zonas, produciéndose una injusticia ambiental.

cultivable son los que nos hacen perder capacidad de absorción de gases de efecto invernadero, estabilidad de los ciclos hídricos en las cuencas y refugio para las diversas especies. Los mismos humedales que se secan para construir nuevos balnearios son a la vez los que morigeran la temperatura a nivel local, regulan el ciclo hídrico, previenen inundaciones y sirven de hábitat a miles de especies.

Todas esas actividades de intervención en la naturaleza están permitidas, son valoradas e incluso algunas de ellas son apoyadas activamente por el Estado, mediante subsidios y exenciones de impuestos. La crisis climática y ecológica es global, pero es también la suma de nuestras propias irresponsabilidades locales. Por eso, las soluciones a la crisis y el camino de salida son relativamente nítidos. La cooperación internacional es necesaria por la escala de la crisis, pero lo que Chile puede hacer no tiene que ver exclusivamente con sumar su grano de arena con un esfuerzo local, sino que también tiene que ver con protegerse a sí mismo.

La superación de la crisis climática y ecológica es un dilema de acción colectiva, sin dudas. Por lo tanto, requiere de la acción de todos los países y personas en el mundo, en un esfuerzo consistente. No está en nuestro poder controlar que ello suceda, pero sí está en nuestro poder hacer el máximo esfuerzo posible para aportar con nuestro deber. Nuestro deber ético es hacerlo, aunque existan liderazgos tóxicos a nivel mundial que prefieran convertirse en parásitos del esfuerzo ajeno.

Pero, además, ese esfuerzo tendrá beneficios no solo para el mundo en su conjunto, sino que especialmente para Chile. Conservar un bosque nativo o un humedal, dejar de quemar carbón o leña tiene consecuencias inmediatas y de largo plazo sobre nuestras condiciones de vida; no es únicamente una cuestión de responsabilidad con la humanidad. No solo reduciremos las emisiones de gases de efecto invernadero y aumentaremos la capacidad del bosque nativo de absorberlos, de modo de reducir nuestro aporte a la crisis climática global, sino que también haremos que el aire que respiran los habitantes de zonas de sacrificios vuelva a ser respirable, y que los habitantes de zonas cercanas a bosques nativos no vivan ante el riesgo de aludes e inundaciones, entre otras consecuencias beneficiosas.

Por último, si consideramos la transición ecológica como algo que necesariamente sucederá, pues el otro camino es la destrucción de la civilización, entonces tenemos la oportunidad de liderar esta transición o al menos quedar en buena posición respecto de ella, obteniendo ventajas de ese liderazgo que nos permitan aspirar a un mayor bienestar. Hay ventajas desde el punto de vista político, económico, científico, tecnológico y social.

Si nos centramos en esta última, la gran ventaja a la que debemos aspirar es la de tener una sociedad preparada y coordinada, tal que nos asegure una transición pacífica y centrada en la protección del bienestar de las personas y las comunidades. El Derecho tiene mucho que decir en este sentido.

4. Poder e impotencia del Derecho

El Derecho se presenta a sí mismo como una herramienta social poderosa, que ayuda a moldear de manera definitiva cómo es que se comportan los individuos y se desarrollan las sociedades. Las constituciones son el punto superior de una pirámide de normas que constituyen el ordenamiento jurídico y, por lo mismo, tienen una relevancia superior en esta tarea de guiar el comportamiento, pues definen principios fundamentales que deberán ser seguidos por las leyes, reglamentos, ordenanzas y todo otro tipo de normas jurídicas.

El Derecho por sí mismo, sin embargo, no cambia nada. La confianza en el Derecho es, de alguna forma, la confianza en que la comunidad organizada es capaz de cambiarse a sí misma. Si las normas son expresión de la voluntad del pueblo, entonces confiamos en que esa voluntad que se expresa será capaz de ser respetada por el propio pueblo, llevando a buen puerto sus aspiraciones. La discusión sobre cambiar leyes o cambiar la propia Constitución está muy vinculada a esta confianza, y por eso resultan tan extrañas las objeciones al cambio que usan como argumento la supuesta falta de posibilidades de llevar el Derecho a la realidad.

Un Estado de Derecho supone, precisamente, que será este sistema de normas y principios expresivos de una idea de justicia y de orden el que prevalecerá por sobre otras consideraciones y, en especial, por sobre las opciones que sean preferidas por cada individuo. Por lo mismo, no creer en esa fuerza del Derecho implica suponer que hay poderes más allá de los organizados socialmente, que son capaces de imponerse, cuestión que es de por sí ilegítima.

Pero incluso en cuestiones ambientales no faltan quienes pretenden una impotencia del Derecho frente a los fenómenos de la naturaleza, y usan esa visión para proponer la inacción. No dejan de tener razón en un punto, pues la naturaleza está absolutamente por sobre nuestras capacidades como humanidad –para qué decir como país– para gobernarla. Salvo en sofisticados esquemas de ciencia ficción, la verdad es que la naturaleza siempre nos pasará por encima. ¿Vale la pena entonces regularla? Por supuesto que no, no podemos prohibir los huracanes o regular las sequías. Tampoco se ha escuchado nunca una voz cuerda proponiendo eso.

Lo que el Derecho, partiendo por las constituciones y pasando por tratados internacionales, leyes y todo tipo de normas, sí puede hacer es gobernar la manera en que nosotros nos relacionamos con la naturaleza, de forma que esta relación sea armónica con las otras vidas y con el sistema de interconexión entre elementos del medio ambiente que posibilita esas vidas, incluida la nuestra.

Tanto desde un paradigma antropocéntrico (que ponga a los humanos como lo único que debe protegerse) como desde uno ecocéntrico (que piense en la protección de la naturaleza como un valor en sí mismo) podemos llegar a la misma conclusión básica sobre la necesidad de gobernar nuestras acciones para proteger la vida en general. Pero esa conclusión aún no es recogida por el Derecho.

El Derecho partió desde un punto más cercano a la omnipotencia y, como usualmente pasa, estaba alimentado en la ignorancia. Según esa forma de verlo, el medio ambiente era una colección de recursos que se encontraban dispersos por la Tierra, esperando a que fuéramos a recogerlos y utilizarlos en nuestro beneficio. Era una colección relativamente infinita y por lo tanto no era su mantención lo que debía preocuparnos, sino cuestiones como su repartición, las maneras en que los explotamos y cómo solucionar conflictos entre usuarios.

Nos dimos cuenta de que aquellos elementos que sirven a nuestra vida eran limitados recién cuando empezamos a acelerar definitivamente su destrucción, e incluso a convertir recursos que eran calificados como "renovables" en elementos escasos. Más tarde aún, nos hemos ido dando cuenta de la conexión que existe entre todos esos elementos para crear la intrincada red que permite la vida en la Tierra. Como dice Sara Larraín, "la ecología como ciencia permitió superar la fragmentación y separación de las cosas y reconectar sistémicamente los elementos que componen la naturaleza"[9], pasando luego por un proceso lento en que esta idea fue infiltrando la filosofía que se intensifica hacia la segunda mitad del siglo XX.

Para cuando el Derecho empezó a tomar dicha conexión en consideración, los recursos estaban repartidos, y nos encontrábamos convencidos como humanidad de que la forma de mejorar nuestra existencia era mediante su explotación intensiva.

Así las cosas, el Derecho estaba construido desde estos paradigmas. En lo que respecta a la ignorancia, el Derecho sigue ignorando cómo solucionar el problema, pues se mueve en torno a una dicotomía entre sujetos y objetos, y carece de herramientas afinadas para dar cabida a un sistema interconectado como es el medio ambiente. Ha intentado convertirlo en un objeto y también en un sujeto, pero el hecho de que el medio ambiente contenga todos los sujetos y todos los objetos hace especialmente compleja esa intención, pues permanentemente chocan los estatutos jurídicos de uno y otro orden.

Además, una buena parte de los elementos del medio ambiente, a los que hemos calificado de recursos naturales, están regulados como si constituyeran unidades desconectadas de la matriz completa. El agua posee su propia regulación que casi no tiene conexión con la de los bosques, a pesar de que los bosques dependen del agua y los ciclos del agua dependen en parte de los bosques. Los animales salvajes tienen otra y que es distinta de la regulación de la pesca, a pesar de que los peces son animales salvajes, y ambas son

9 Larraín, Sara. *Ecología y política*. Ed. Taurus, 2020, p. 41.

diferentes respecto de la caza de mamíferos marinos, aunque esos mamíferos se alimentan de los mismos peces; y los peces requieren de los nutrientes que son arrastrados por los ríos hasta el mar, nutrientes que provienen de los suelos en los cuales hay bosques antiguos, que son a su vez los que capturan los gases del aire, producen el oxígeno y permiten en los suelos la vida de los microorganismos y la existencia de nutrientes, que luego serán arrastrados por la lluvia hacia los ríos para llegar al mar. El problema es que esa lluvia tampoco se producirá si no hay un bosque que concentre la humedad y la evapore.

La regulación de estos recursos naturales tiene un problema basal, entonces, que es haber ignorado esa interconexión y pretender erigirse principalmente sobre la distribución de propiedad y la posibilidad de explotación. Luego de cientos de años de una regulación como esta, recién en los últimos 40 años el derecho occidental ha comenzado a incorporar provisiones que apuntan hacia, al menos, la sustentabilidad. Pero la mayoría de esas provisiones han sido estériles y el ritmo de destrucción de la naturaleza se ha acelerado en este mismo período.

Esto tiene que ver en parte con que el Derecho, al igual que la naturaleza, también es un sistema interconectado, pero es una red de normas e instituciones. Cambiar una norma puede ser muy importante, pero si el sistema no la reconoce como propia, tiende a rechazarla. Es el trabajo de miles de personas, funcionarios, abogados, movimientos, organizaciones, científicos y comunidades el que ha ido empujando al sistema jurídico a intentar comprender la lógica de esos pequeños cambios; intentando hacer ver a jueces y operadores del Derecho la importancia crucial de reformar la relación con el medio ambiente.

Esto, sin embargo, encuentra resistencias fundamentales. Ya sea resistencias ideológicas, basadas en el imaginario de que lo colectivo o el leguaje de derechos es propio de un sector político, ya sea resistencias basadas en intereses personales de corto plazo. El asunto es que todos quienes empujan por la incorporación de lógicas mínimas de protección ambiental se encuentran con resistencias más o menos organizadas, y que muchas veces tienen argumentos jurídicos atendibles. Suelen tener, además, el poder económico y político que les permite amplificar esas visiones, que además están ancladas en paradigmas de desarrollo propios del siglo XX, siendo por ello muy atractivas para un número importante de personas.

El Derecho, como artefacto social, tampoco incorpora la idea de que nuestras sociedades y todos quienes habitamos en este planeta somos a la vez parte de la naturaleza, siendo absolutamente dependientes de ella. Sigue sin hacerlo, y quizás es posible que la pandemia del Covid-19 nos dé un baño de humildad, pero eso está por verse y no se ve que vaya a suceder tan simplemente. El avance de las vacunas, una gran noticia, alimenta además la sensación de que los humanos podemos tener una especie de control sobre lo que sucede.

Tendremos las mismas agotadoras discusiones que han sido necesarias para hacer frente a la crisis climática y ecológica, alimentadas ahora por nuevos argumentos, pero con el mismo rechazo por los poderes económicos y las visiones individualistas que se autoproclaman como nacionalistas.

Pero será esa deliberación pública la que alimente nuestra discusión por transformar al derecho y dotarlo de comprensiones que estén en mayor armonía con el lugar que habitamos y las vidas que nos acompañan. No se trata de que el Derecho reconozca una dimensión espacial, sino que la integre. Una vez que nos damos cuenta de que la interconexión entre todos los elementos de la naturaleza es la que permite la vida, y que nuestra manera de relacionarnos con esos elementos está provocando que esa posibilidad de albergar vida se vea mermada, el único camino razonable es cambiar el Derecho y cambiar, con ello, la forma en que la sociedad y las personas se relacionan con la naturaleza, de manera de proteger la vida.

5. Una Constitución Ecológica

Cuando hablo de una Constitución Ecológica, me refiero a una que ponga a la protección del medio ambiente en el centro de las preocupaciones de la sociedad, tendiendo a una armonización entre las actividades sociales y la naturaleza.

Esto no quiere decir, por supuesto, que la Constitución completa se refiera solamente a la protección del medio ambiente. Lo que quiere decir, en cambio, es que podamos reconocer en el texto y la práctica constitucional la existencia de esta preocupación, de esta centralidad y de un conjunto de normas que se dedican al asunto en las diversas partes de una nueva Constitución, constituyendo un cuerpo con una lógica común.

Debemos aspirar a que en una nueva Constitución quede claro que la continuidad de la comunidad que habita Chile depende de tener un medio ambiente sano y ecológicamente equilibrado. Es una idea a la que le ha costado ganarse un espacio suficiente, pero que crecientemente es parte de nuestro sentir cotidiano.

Los movimientos sociales de todo el mundo han repetido esta idea hasta el cansancio y su presión hacia las autoridades para que lo reconozcan ha ido en aumento. Un punto importante fue la notable arremetida de la joven activista sueca Greta Thunberg y la aparición de organizaciones globales como Fridays for Future y Extinction Rebellion. Mientras, aunque con lentitud y tibieza, los gobiernos han avanzado con pasos como el Acuerdo de París, en 2015, y los eventos posteriores como el compromiso de carbono neutralidad de China para el 2060 y de la Unión Europea para el 2050. Con la llegada de Joe Biden a la presidencia de EE.UU. es esperable que también dicha potencia avance en esta línea y, de hecho, entre sus primeros actos como Presidente suscribió nuevamente el Acuerdo de París y comprometió una disminución del 50% de los gases de efecto invernadero emitidos por EE.UU. para el año 2030.

En América Latina, además de los compromisos relativos al cambio climático, un punto de gran potencia civilizatoria ha sido la celebración del Acuerdo de Escazú, que mejora las condiciones de la democracia en materia ambiental, aumentando los estándares en acceso a la información, acceso a la justicia y participación en materia ambiental, además de reconocer el rol fundamental que juegan las y los defensores ambientales. Se reconoce así el valor de la comunidad en la toma de decisiones sobre el medio ambiente, democratizándolas.

El fenómeno de crecimiento del movimiento es también una realidad en Chile. Solo durante 2019 hubo decenas de marchas por el clima, en las que jóvenes y familias de todas las regiones del país se manifestaron para exigir políticas climáticas acordes a la gravedad del asunto. Aunque los resultados no han sido de la profundidad esperada, consiguieron que el gobierno de Sebastián Piñera comprometiera la carbono neutralidad para el 2050, además de un plan de cierre de las termoeléctricas a carbón para el 2040 y una serie de medidas que son parte de la Contribución Determinada a Nivel Nacional[10], la que a su vez constituye un avance considerable en relación con la contribución anteriormente presentada a la comunidad internacional. Y si bien la cuestión climática es una de las claves para mantener condiciones de vida adecuadas en el país, hay muchas otras condiciones ambientales con características netamente locales, que deben ser abordadas para una adecuada protección ambiental. La más urgente en nuestro caso es la relacionada con la protección del agua, como veremos más adelante.

Pero la aspiración a una Constitución Ecológica no se agota en reconocer nuestra dependencia de las condiciones ambientales, sino que requiere también reconocer un valor a la naturaleza en sí misma, que está más allá del uso que podamos darle como humanos. Un valor por la vida que no se agota en la vida humana, sino que se extiende a otras vidas y sobre todo a las condiciones de posibilidad de todas las vidas, como es un medio ambiente sano y equilibrado.

A veces parece que esta idea es más difícil de consensuar, porque, a pesar de que ese reconocimiento puede tener formas muy diferentes, la tendencia de las instituciones hasta ahora no ha sido

10 Las Contribuciones Nacionalmente Determinadas o Contribuciones Determinadas a Nivel Nacional (NDC, por su sigla en inglés) son los compromisos que los Estados hacen, en el marco del Acuerdo de París, para hacerse cargo del cambio climático. Cada país entrega estos compromisos periódicamente a la comunidad internacional, con la idea de que, sumando todos los esfuerzos de los países, se logre el objetivo de que la temperatura promedio de la Tierra no aumente más allá de 2ºC en comparación con el período preindustrial.

la de reconocer ese valor de manera explícita. Pero, sin embargo, es algo que tenemos con nosotros y no solo por la fascinación individual que cualquier persona puede sentir por la belleza, inmensidad y complejidad de la naturaleza.

Existen instituciones que se han basado en este valor intrínseco desde hace mucho tiempo, a pesar de que muchas veces no sea evidente ni siquiera para quienes definen esas instituciones. Es el caso de muchos acuerdos internacionales para la protección de diferentes especies, como las aves, las ballenas y luego todas las que se encuentren en ciertas condiciones de riesgo. Es el caso también de acuerdos como la Convención de Washington, para la protección del paisaje y la belleza escénica en América, tratado al que le debemos la existencia de Parques Nacionales, entre otras áreas protegidas. Últimamente, además, algunos países han reconocido derechos a la naturaleza, ya sea en constituciones, leyes o fallos judiciales.

Pero incluso instituciones religiosas han reconocido este valor, siendo especialmente importante para nuestra cultura occidental judeocristiana lo que el papa Francisco I expresa al respecto en la Encíclica Laudato Si', de 2015. Entre otras cosas enuncia:

> Pero no basta pensar en las distintas especies solo como eventuales "recursos" explotables, olvidando que tienen un valor en sí mismas. Cada año desaparecen miles de especies vegetales y animales que ya no podremos conocer, que nuestros hijos ya no podrán ver, perdidas para siempre. La inmensa mayoría se extingue por razones que tienen que ver con alguna acción humana. Por nuestra causa, miles de especies ya no darán gloria a Dios con su existencia ni podrán comunicarnos su propio mensaje. No tenemos derecho.[11]

Hacer posible que nuestra sociedad se respete a sí misma en el largo plazo y también respete las demás vidas requiere de modificaciones sustantivas en nuestro modo de vida. Una Constitución Ecológica debería al menos aumentar las probabilidades de que ello ocurra, incorporando instituciones específicas para eso, como sería el

11 Francisco I. *Carta Encíclica Laudato Si'*, 2015, punto 33.

reconocimiento de derechos de la naturaleza o la consagración del principio de justicia intergeneracional, entre otras.

A lo largo de los capítulos que vienen detallaré las distintas normas que podrían ser parte de esta Constitución Ecológica, explicando en parte las razones para considerarlas como un elemento importante dentro de la nueva Constitución, y también las maneras en que cada una de esas normas podría operar, mirando las consecuencias que podrían tener.

Hay que considerar, de todas formas, que se requerirá que cada una de las normas sea operativa para el subsistema de la Constitución Ecológica y para el sistema jurídico nacional, por lo que muchas de las propuestas que acá se detallan tienen que ser adecuadas sobre la marcha de la deliberación constitucional. Por lo mismo, no se sugiere un articulado en especial, sino que el contenido fundamental de las diferentes instituciones.

Lo más importante es no perder de vista que la Constitución Ecológica, siendo parte del sistema jurídico, será aquella parte que permita a este sistema comunicarse con la naturaleza y con el gran sistema que ella constituye. Por lo mismo, debe capturar en parte lógicas ecosistémicas y sociales, junto con las propias del Derecho.

III. Un Estado al servicio del medio ambiente

6. El territorio como elemento del Estado

Tradicionalmente, se define que los elementos del Estado son la soberanía, la población y el territorio. Entender qué es un Estado no ha sido una cuestión ni sencilla ni pacífica a lo largo de la historia y, por supuesto, la conceptualización de esta noción ha variado en el tiempo. Más aún respecto de los elementos que integran el Estado. Así, por ejemplo, la soberanía que alguna vez fue reconocida a los reyes por mandato divino, hoy se la reconocemos al pueblo por mandato de la razón. La población también se ha modificado de algunas formas: primero, porque se ha ido reconociendo derechos a más personas dentro de los Estados, aboliéndose la esclavitud y logrando paulatinamente las mujeres su emancipación, y, segundo, porque la globalización ha llevado a cambios poblacionales importantes en los Estados, desafiando ciertos conceptos de ciudadanía, que se superponen con los de población.

En lo que respecta al territorio, el concepto sigue estando anclado en una visión principalmente militar y limítrofe. El territorio es visto, a este respecto, como un espacio geográfico en el que los Estados ejercen soberanía, pero no se ha integrado en ello los elementos naturales y humanos que se encuentran dentro de dicho espacio, y que son los que en realidad posibilitan la vida y continuidad de las comunidades jurídico-políticas que constituyen los Estados.

El territorio, como lo entendemos hoy, y gracias al aporte principalmente de los geógrafos, es también un intrincado sistema de elementos y conexiones, de relaciones entre la naturaleza y la sociedad. Es sobre estos sistemas que se construyen los Estados, sobre todo si entendemos el Estado como una entidad que las personas creamos para servirnos de manera individual y colectiva; una reunión de poder que realizamos con la idea de que ese poder colectivo nos permita sortear conjuntamente las dificultades de la vida, aumente nuestras posibilidades de bienestar, nos permita la creación conjunta, resguarde nuestra seguridad y se preocupe de la existencia de un orden y de paz.

Ninguno de los fines que se expresan anteriormente son posibles sin la existencia de un medio ambiente funcionando adecuadamente. Nuestro bienestar, seguridad, orden y paz dependen del medio ambiente, tanto como nuestras propias vidas. Es fácil entender que no podemos vivir sin un medio ambiente funcional, pero a veces no lo es comprender lo que eso significa y sus consecuencias en nuestro sistema de vida. Esto, porque tampoco es tan sencillo ver los matices que se producen en diversos puntos de degradación del medio ambiente. Los procesos naturales que hemos alterado son las base de nuestra alimentación, de nuestra salud y también del orden social, que se ve fuertemente alterado cuando las condiciones ambientales en las que viven las sociedades se ven, a su vez, alteradas.

Jared Diamond, en su libro "Colapso", revisa la caída de antiguas sociedades para mostrar cómo es que las principales causas por las que estas desaparecieron están asociadas a la degradación del medio ambiente que habitaban. Bastante documentado está el hecho de que la deforestación, la destrucción de hábitat, los problemas de suelo, de gestión de agua, la excesiva caza y pesca, la introducción de especies y el crecimiento de la población fueron las causas del colapso de esas sociedades. Todos estos procesos de degradación ambiental fueron acompañados además de eventos que imposibilitaron la paz social, precisamente porque, sin el adecuado devenir de las funciones que sostienen la vida, las estructuras sociales también comienzan a fallar, y ya no solo nos enfrentamos al riesgo de la muerte por falta de alimentos o agua, sino que también al riesgo de la muerte en manos de otro.[12]

El propio Diamond reconoce que realiza este ejercicio buscando recomendaciones para la situación actual, y encuentra,

12 Diamond, Jared. *Colapso: Por qué unas sociedades perduran y otras desaparecen*. Editorial Debate, 2006.

finalmente, dos que él cree cruciales: el pensamiento de largo plazo y la revisión de nuestros valores fundamentales. Esto último es precisamente lo que estamos haciendo con el cambio constitucional, y sobre todo al reformular nuestra concepción del elemento territorio, lo que es parte de lo que debemos imprimir en una nueva Constitución Ecológica.

El reconocimiento del territorio de una forma en que se incluya en él a los ecosistemas, las culturas y las variables sociales implica entender que los valores e instituciones que se relacionan con la protección del territorio no tienen una función que es solamente relativa a la protección de las fronteras, sino que también a la conservación de la naturaleza y las personas.

Así, por ejemplo, las relaciones internacionales no pueden estar basadas solamente en mejorar condiciones comerciales de corto plazo a cambio de mantener condiciones que favorecen a un tipo de industria extractiva, que daña considerablemente a las culturas locales y los ecosistemas. Igualmente, las relaciones internacionales debieran tener en alta consideración el que muchas veces el territorio en términos políticos no coincide con los territorios en términos ecosistémicos y culturales, cuestión que demanda cierto tratamiento especial a, por ejemplo, el intercambio que se produce entre los pueblos altoandinos que se encuentran en diferentes países.

De la misma manera, las fuerzas armadas tienen un rol en la protección del patrimonio ambiental, que pueden ejercer desde la investigación y la protección de zonas extremas y de frontera, pero que también deberían ejercer desde la reacción frente a eventos climáticos extremos, un área donde Chile no tiene un cuerpo efectivamente preparado ni suficientemente organizado ni financiado. Es decir, mientras por la práctica se ha venido solicitando el apoyo a las fuerzas armadas cada vez que existe un estado de catástrofe o emergencia provocado por eventos climáticos extremos, parecería más razonable establecer un cuerpo permanente para ello, cuyo entrenamiento no esté enfocado en la guerra, sino que en el rescate y la contención de estos fenómenos, y que para ello tenga una pequeña parte del presupuesto y equipamiento del que disponen las fuerzas armadas.

La comprensión del territorio como una realidad que abarca a los ecosistemas, los sistemas sociales y las personas necesita de una mirada con la que esa integración supere la perspectiva de recursos naturales que tan solo ve en el medio ambiente una colección de elementos que pueden ser extraídos para, supuestamente, generar riqueza.

Cómo esa visión va erosionando las bases mismas de la existencia en conjunto es graficado por el poeta popular Ismael Sánchez Duarte, en estos versos de su poema "Oda a la patria":[13]

Patria, que tanto te nombran
por ti yo siento respeto
pero me dejan perplejo
si los mismos te hacen sombra;
es acaso una maniobra
para seguir disfrutando
no ven que te están robando
lo que tienes de valor
y nos deja en estupor
qué pobre te vas quedando

Hay una muestra patente del contrasentido de quienes a la vez dicen tener una inclinación por la defensa de la patria y, sin embargo, también defienden las actividades que van empobreciéndola, como son la destrucción de los ecosistemas. El robo de lo que la patria tiene de valor hace referencia a cómo los bienes naturales, convertidos en recursos, son extraídos sin contemplación ante el empobrecimiento del territorio.

En los versos siguientes, Sánchez Duarte lo hace aún más evidente al poner de ejemplo al agua: "Patria que no te han dejado/ libre aprovechar tus aguas/que bajan de las montañas/te las han acaparado".

Un concepto integrado de territorio permitiría mirar con mayor claridad lo que significan las alteraciones en el mismo y

13 Muñoz, Diego. *Antología de 5 poetas populares*. Ediciones Tácitas, 2017, p. 69.

valorarlas no solo a la luz del aumento de la riqueza inmediata, sino que también del empobrecimiento de mediano y largo plazo, que va incluso más allá de lo material.

7. La protección del medio ambiente como principio fundamental

Es una práctica constitucional establecer, en los primeros capítulos, cuáles son los principios fundamentales que ellas, los Estados que crean y las sociedades que regulan, perseguirán. En la Constitución de 1980, por ejemplo, se estableció que el Estado está el servicio de la persona humana, que la familia es el núcleo fundamental de la sociedad, que el bien común es el de todos y de cada uno, y otra serie de cuestiones fundamentales. Todas ellas, por valiosas que parezcan, son fruto de la voluntad de quienes redactaron ese documento y no de una deliberación democrática.

Obviamente la familia es importante, pero ¿es el núcleo esencial de la sociedad? Podría ser la persona el núcleo, o no tener núcleo y considerar que la sociedad es una asociación de personas mucho mayor que cualquier otra, en la que las familias son parte de la manera en que las personas se organizan. O quizás, el Estado no debe estar al servicio de la persona, puede que creamos lo contrario: la persona está al servicio del Estado; o puede que creamos que el Estado está al servicio del bien común, pero no de la persona individualmente considerada. Por último, podríamos considerar que tanto la familia como las personas son parte de la naturaleza y que el Estado está en realidad al servicio de la protección de ella, en tanto base de la vida en sus múltiples formas. Lo que quiero decir, en síntesis, es que esta parte de la Constitución es una que hemos discutido muy poco, y respecto de lo cual un aparente sentido común esconde muchas cosas.

Lo que debiéramos contestar en esta parte de la Constitución es cuáles son las razones por las que la redactamos, cuáles son las razones por las que nos organizamos y cuál el sentido que le damos al Estado. Por supuesto, nos organizamos para lograr el interés general, el bien común. Para superar todas las barreras que la vida nos pone individualmente, pero que de forma colectiva podemos superar. Para protegernos de la muerte y la violencia. Para aumentar nuestro bienestar y disminuir nuestro sufrimiento.

Si todo lo anterior es correcto, entonces parecería que la incorporación de la protección del medio ambiente como una de las cuestiones esenciales de un Estado se hace imprescindible. Necesitamos un medio ambiente funcional para vivir, pero además reconocer que es la fuente de la mayor parte de nuestro bienestar, que es el que nos permite vivir de manera armónica y que su protección es una cuestión imposible de lograr de manera meramente individual. Es claro que cada persona puede propender hacia esto y preferir productos menos contaminantes, usar menos agua, plantar árboles nativos, proteger un pedazo de tierra, donar a organizaciones ambientalistas, participar de ellas, y otra serie de actividades muy loables. Pero la suma de todos esos esfuerzos siempre será insuficiente cuando las estructuras sociales no sean las que se destinan a la protección ambiental. Esto no quiere decir que no haya que hacer esfuerzos individuales, ya sea por cumplimiento de un deber ético o por sumar un esfuerzo, pero sí quiere decir que, además de ellos, se requiere una modificación de las estructuras sociales, como el ordenamiento jurídico y la estructura económica. En el mejor de los casos, los cambios individuales empujarán al cambio social en un círculo virtuoso.

Un Estado al servicio de la protección del medio ambiente pondría como eje de acción del mismo esta obligación, y, por lo tanto, se movería a tomar las decisiones que fueran más convenientes desde ese punto de vista. Un Estado al servicio de la protección del medio ambiente se pone en la obligación de considerar esta variable como una esencial al tomar decisiones, se pone en la obligación de pensar en acciones positivas y específicas para lograr esa protección. Se hace funcional, de manera completa, a la mantención de un medio ambiente adecuado, sano y ecológicamente equilibrado, para las generaciones actuales y futuras.

Esta discusión ni siquiera existió en momentos anteriores, pues la urgencia por la protección ambiental no estaba tan presente.

No se vislumbraba siquiera la necesidad de que nos organizáramos especialmente en protección de nuestro entorno. Se daba por sentado que la poderosa naturaleza que nos rodeaba mantendría los atributos esenciales que permiten nuestra vida y la de otros seres, independientemente de lo que nosotros hiciéramos. Hoy sabemos que no es así, y que organizarse para evitarnos el sufrimiento que la degradación ambiental implica –parecería– un mínimo razonable de organización social.

Sin embargo, hemos visto cómo la discusión se ha venido instalando en la esfera pública en los últimos años. Recordemos, por ejemplo, lo sucedido en 2017, cuando el Estado tuvo la intención de comenzar un proceso constituyente que de alguna forma se anticipaba al estallido social que se produciría luego. Ese proceso falló por un sinnúmero de razones, pero nos dejó cosas muy interesantes que analizar y discutir. Nos dejó, en efecto, una deliberación de más de 200 mil personas en Chile, sobre el país que queremos tener. Nunca antes se había generado una participación deliberativa de esa naturaleza, en ninguna parte, ni menos en Chile. A pesar del fallido proceso, hoy tenemos una buena base para conversar sobre lo que queremos.

Lo que nos interesa relevar ahora es que ese proceso arrojó una preocupación por el medio ambiente que los poderes constituidos no habían notado antes y que no se refleja en la regulación existente. En efecto, uno de los temas en que el medio ambiente apareció con fuerza fue en la definición de valores y principios para una nueva Constitución. La pregunta que se realizó en el proceso participativo fue: "¿Cuáles son los valores y principios más importantes que deben inspirar y dar sustento a la Constitución?", siendo una de las 37 opciones de respuesta la siguiente: "El respeto y conservación de la naturaleza y medio ambiente". Esta opción fue la cuarta más votada en las consultas individuales, la tercera en los encuentros locales autoconvocados y la quinta en los cabildos regionales, dando cuenta del amplio consenso en torno a la protección del medio ambiente como valor fundamental de la sociedad chilena. Además, de la lectura de las razones que se dan para poner al medio ambiente como un principio fundamental, resaltan cuestiones evidentes: el medio ambiente es el sustento de la vida, la base de nuestro posible desarrollo y algo que hay que cuidar para las generaciones futuras.[14 y 15]

¿Qué significaría poner la protección del medio ambiente como principio de una nueva Constitución? Además de ser una potente señal sobre lo que la sociedad chilena pretende para su futuro, esta incorporación significaría, de partida, que la administración del Estado tendría que incorporarlo dentro de sus lógicas como una cuestión esencial, el Congreso tendría que observar ese principio al hacer leyes y, del mismo modo, los jueces deberían seguir dicho principio al juzgar cuestiones relacionadas. También que los privados deberían observar este principio, especialmente aquellos que se desenvuelven en áreas reguladas (como energía, sanitaria y obras públicas) o se relacionan con bienes comunes. En el fondo, es una manera de acotar el poder de decisión que tienen las personas que se encuentran dotadas de ese poder, y también de guiar esa decisión hacia ciertos fines que, en este caso, son los de protección ambiental. Y, asimismo, las decisiones que se opongan abiertamente a este principio podrían ser anuladas por los organismos correspondientes. No sabemos cuáles serán en el futuro, pero hoy significaría que la Contraloría, el Tribunal Constitucional y la Corte Suprema, según sea el caso, podrían anular decisiones de autoridades políticas que se opongan al principio de protección del medio ambiente.

El contenido específico del principio es una cuestión que seguramente suscitará un interesante debate que debe darse. El punto de partida podría estar en que la protección del medio ambiente importa la mantención de los atributos básicos, la funcionalidad y la perdurabilidad natural de los ecosistemas. De alguna manera,

---

14 Costa et al. "¿Receptividad deliberativa? Medioambiente en la discusión constituyente de Chile 2016-2017". En: *Revista de Derecho Universidad de Concepción*, N° 248, año LXXXVIII (julio-diciembre, 2020).

15 Comité de sistematización constitucional. Encuentros locales autoconvocados: Sistematización de fundamentos valores y principios. Enero 2017. Disponible en: http://archivospresidenciales.archivonacional.cl/uploads/r/null/4/a/1/4a16246565e3cd3d98a6bb50757398a6c98bc16ad375163451da427e198260e4/_home_aristoteles_documentos_PC_CCO_DT_26.pdf.

esto equivaldría a establecer una regla general contra el ecocidio, pero es notablemente diferente la prohibición que se puede producir en relación con las personas naturales y jurídicas que respecto de un mandato de optimización para el Estado. Establecer un principio es lo segundo, y sin dudas tiene un poder normativo mayor que lo primero, sin perjuicio de que la creación de delitos ambientales como el ecocidio debieran estar también en la agenda legislativa de corto plazo.

Hay una paradoja en todo esto. Las decisiones públicas actuales parecen tomarse, desde el discurso público, con un enfoque principal en el crecimiento económico y la eficiencia, como mandatos muy visibles pero inexistentes en la Constitución o alguna otra norma. Esto se debe, en parte, a una extendida visión ideológica que vincula e iguala el crecimiento económico con todas las variables del bienestar humano, y que, por lo tanto, pretende que mediante la obtención de mayor crecimiento económico es posible servir a todos los demás propósitos particulares y del Estado.

En lo normativo, sin embargo, esto no es tan así. Lo que en las decisiones sobre el enfoque de la política pública es expresado con objetivos de crecimiento se encuentra muchas veces jurídicamente justificado de otra manera. Sin perjuicio de que el crecimiento económico sea una variable posible de tener presente para la administración del Estado al momento de decidir, ello no podría sobrepasar derechos fundamentales, valores y principios de la Constitución.

Supongamos, por ejemplo, que quisiera reinstaurarse el trabajo infantil, habida consideración de que ello generaría un atractivo a la inversión y permitiría mayor crecimiento. Partiendo de bases esenciales del Estado, como la supremacía de la persona y el valor de la familia, y pasando por derechos como la libertad y la integridad física y psíquica, se podría argumentar de manera relativamente evidente que ello no es posible en el Chile de hoy. La dignidad que les reconocemos a estas personas menores de edad está por sobre un posible crecimiento económico.

¿Qué pasa con la destrucción de un río para explotar la tierra mediante la plantación de árboles frutales? No es tan sencillo hacer una argumentación sobre cómo, normativamente, esto puede ser permisible en el país que habitamos. Sin embargo, es lo que en realidad pasa y con ello la dignidad mínima de una serie de personas también se ve afectada. La destrucción del río en sí mismo pareciera ser una preocupación de segundo o tercer orden, respecto de lo cual el Estado sencillamente se omite de la realidad, para considerar cuestiones desconectadas que sí le parecen justificables: las frutas son importantes, la agricultura da trabajo, el agua puede ser usada por su dueño.

Son este tipo de realidades las que un principio como el de la protección del medio ambiente debería ayudar a evitar. Con un Estado especialmente concebido para la mantención de los ecosistemas, las herramientas para, al menos, poder ver esta realidad y tomar cartas en el asunto tendrían un sustento normativo esencial y deberían ser entregadas por la ley por mandato constitucional.

8. La justicia ambiental e intergeneracional como principios

La discusión sobre las cuestiones ambientales está plagada de espacios indeterminados, cuestión que se da en parte porque, como hemos visto, el derecho ambiental llegó tarde. Cuando empezamos a hablar de derecho ambiental, ya estábamos en un estado de las cosas en que el medio ambiente se encontraba degradado por la acción humana, y teníamos que empezar a remar para evitar una mayor degradación. Eso no es tan fácil, porque el sistema de vida que teníamos organizado estaba basado en parte en la idea de que el medio ambiente es una serie de recursos inagotables de los cuales podíamos servirnos.

Hoy sabemos que este paradigma es falso, y tenemos que recordarnos a nosotros mismos a diario su falsedad. Los recursos son limitados, y sin salvaguardas adecuadas las cosas que tomamos hoy podrían no estar disponibles para las personas del mañana. Esta aseveración viene acompañando los textos de normas ambientales a nivel global desde 1972 en adelante, poniendo a las generaciones futuras como un foco de preocupación y protección. Empero, se ha visto ignorada. La crisis climática es una manifestación extrema de injusticia generacional, ya que el disfrute de ciertas condiciones de vida para las personas de hoy puede significar un colapso generalizado que tengan que pagar las generaciones futuras.

Los niños, niñas y jóvenes que actualmente se organizan en movimientos como Frydays for Future tienen clarísimo este problema. Mientras los líderes globales continúan sus discusiones sobre cómo frenar un problema que tiene 25 años de discusiones sin generar grandes cambios, mientras el planeta se sigue calentando, las especies se continúan extinguiendo aceleradamente, seguimos desertificando la Tierra y alterando los ciclos biogeoquímicos, entre otros. Como dice Greta Thunberg, la niña sueca que fundó el movimiento, "es como despertar en medio de la noche, ver que tu casa está en llamas y decidir esperar 10, 20 o 30 años antes de llamar a los bomberos. Mientras llaman alarmistas a quienes intentan despertar al resto".[16]

A pesar de que la formulación de la justicia intergeneracional es relativamente novedosa, pareciera ser una de las motivaciones principales de nuestras vidas, o al menos así lo declaramos. No únicamente de la experiencia coloquial, sino que también de las mediciones existentes, podemos llegar a esta conclusión. Nos preocupa especialmente el futuro porque nos preocupa el bienestar de nuestros hijos e hijas, porque queremos que tengan el mayor bienestar posible.[17]

Independientemente de si el modelo para ello es el de la competencia o la solidaridad entre las personas, una cuestión innegable es que en cualquier modelo requerimos de un mínimo básico para participar y que hay ciertas áreas en que sin dudas la colaboración es la única respuesta para maximizar el beneficio total e

---

16 Discurso de Greta Thunberg en el World Economic Forum, 2021. Disponible en: https://www.weforum.org/agenda/2021/01/greta-thunberg-message-to-the-davos-agenda/.

17 Dirección de Estudios Sociales del Instituto de Sociología de la Pontificia Universidad Católica de Chile. *Tercer barómetro de la felicidad: El bienestar subjetivo de los chilenos: la importancia de nuestros vínculos*. Instituto de la Felicidad Coca-Cola, 2015. Disponible en: http://www.duna.cl/media/2015/10/Libro-Barometro-de-la-Felicidad.pdf.

individual. La protección del medio ambiente es claramente una de esas áreas.

Vale decir que los esfuerzos que cada uno haga porque sus hijos e hijas sean más educados tendrán muy poca importancia, si esa educación debe usarse en una competencia por recursos escasos en un mundo devastado por la crisis climática y ecológica. Por lo mismo, la colaboración entre nosotros debe apuntar, entre otras cosas, a asegurar las condiciones para un futuro más estable. Nuestra incapacidad actual cala tan hondo que se mantiene en constante crecimiento el número de personas que duda de reproducirse para evitar traer más personas a un mundo destinado al sufrimiento.[18]

La respuesta a esta preocupación no debería ser dejar de reproducirnos por ella, sino que modificar nuestras existencias actuales para que no afecten a las personas del futuro de la manera en que lo están haciendo. Obviamente esto no es sencillo, nos cuesta empatizar, y más todavía con personas que aún no existen, siendo que además hay un importante número de incertidumbres relacionadas con su existencia y necesidades.

Ahora bien, no podemos fingir que nada pasa y seguir en el mismo camino destructivo. No es un deber que tenemos solo con nuestros hijos/as y nietas/os, sino que es una base que condiciona la existencia de nuestra sociedad y, como tal, entenderla como un principio para la acción estatal sería una mejor forma de regularla. La variable distributiva en el tiempo tendría que ser una de las cosas que se sopesen en la toma de decisiones para, por ejemplo, no permitir la destrucción de ecosistemas de los que depende la realidad económica de un sector y que podrían seguir sustentándolo en el tiempo, para efectos de permitir una explotación intensiva que posibilita mejores rendimientos económicos actuales, pero que compromete las posibilidades hacia el futuro.

El problema de la distribución de recursos es claramente uno en el que no hemos llegado a soluciones satisfactorias, ni entre

18 Así, por ejemplo, en EE.UU. se llevó a cabo una encuesta sobre este punto, en la que casi el 25% de las personas adultas sin hijos/as declaró que entre sus razones para no tener hijos/as o tener menos hijos/as, estaba la crisis climática. Disponible en: https://morningconsult.com/2020/09/28/adults-children-climate-change-polling/.

quienes estamos actualmente vivos, ni menos aún con quienes vendrán en el futuro. El principio de justicia ambiental aborda este asunto, de manera que, para el Derecho, puede ser incluso revolucionario.

La justicia ambiental, cuando es intergeneracional, podemos entenderla como justicia ambiental en un plano vertical. Pero también existe la justicia ambiental en un plano horizontal; vale decir, entre quienes nos encontramos actualmente viviendo. En ese plano, cuando hablamos de justicia ambiental nos referimos a la adecuada distribución de los beneficios y las cargas ambientales. Beneficios ambientales en términos de que todos podamos aprovechar los bienes que la naturaleza ha hecho comunes a todos los hombres y mujeres. Cargas ambientales en el sentido de que no se imponga a un grupo de la sociedad tener que lidiar con la mayor parte de los problemas de contaminación y destrucción del medio ambiente.

El concepto de justicia ambiental proviene de los movimientos afroamericanos de EE.UU., cuando en la década de 1970 se dieron cuenta de que la mayor parte de las empresas altamente contaminantes se instalaban en los territorios donde ellos habitaban, empeorando sus condiciones de vida y su salud. Barrios que ya eran pobres y que además sufrían con la discriminación racial eran ahora también cargados con los mayores efectos contaminantes.

La injusticia ambiental es fácilmente observable en Chile. En lo que se refiere a los beneficios de la naturaleza, está graficada en la propiedad del agua y el hecho de que se tenga a comunidades completas sin este elemento, mientras en el mismo sector existen vastas plantaciones con agua suficiente para regar. La evidencia de que el agua es un bien común nos pone en la necesidad de compartirlo. La evidencia de que es un bien esencial para la vida, nos pone en la misma necesidad. Pero en Chile, hay cerca de 400.000 familias, al 2019, que no cuentan con agua potable[19]. El agua no es siquiera un derecho social en sentido estricto, no es una prestación

19 Fundación Amulén. *Pobres de Agua: Radiografía del agua rural en Chile*, 2019. Disponible en: http://derechoygestionaguas.uc.cl/es/publicaciones/libros/451-pobres-de-agua-radiografia-del-agua-potable-rural-en-chile-visualizacion-de-un-problema-oculto.

que tenga que proveer el Estado. Lo que ha hecho el Estado de Chile es intervenir en los cursos de agua de manera que puedan ser fraccionados y vendidos, sin siquiera poner provisiones mínimas como contrapartida, ni asegurar de modo alguno el bienestar de la población o del recurso en el futuro. Hablaremos más de estos puntos más adelante.

En lo que se refiere a las cargas ambientales, la gran muestra chilena de esto son las "zonas de sacrificio", nombre que los movimientos sociales han dado a algunos territorios en los que se ha instalado una serie de industrias contaminantes, comprometiendo la salud y la vida de los habitantes, así como el medio ambiente actual y futuro de dichos territorios. El caso de la bahía de Quintero, que revisamos en el capítulo anterior, es el más llamativo y el que ha generado más noticias, sobre todo en los últimos años.

Cuando suceden casos de intoxicación en Quintero-Puchuncaví es normal que se suspendan las clases en los colegios, pues son los menores los que están más expuestos. Es más común que suceda eso que se detenga el funcionamiento de las industrias. La pesca artesanal de la bahía ha tenido que reconvertirse, en buena parte, a la pesca de carbón que cae al mar. Las mismas empresas que usan el carbón y son responsables de su vertimiento en el mar, contratan a los pescadores para que realicen esa actividad de recolección de carbón, de forma de disminuir el impacto de sus actividades.

Otras zonas de sacrificio que se reconoce es la de Mejillones, comuna en que se emplazan al menos 14 industrias contaminantes, conformadas por 8 centrales termoeléctricas, 1 fábrica de explosivos, 3 puertos de descarga y 2 terminales de regasificación, entre otras. En la comuna habitan 13.000 personas, y se han presentado al menos 3 casos relevantes de intoxicación de la población debido a emisiones contaminantes. El primero de estos eventos sucedió en 2012, cuando la seremi de salud tuvo que prohibir temporalmente el funcionamiento de la fábrica de explosivos Enaex, debido a la emanación de gases de amoniaco.[20]

---

20 *El Regionalista*. "Reportan intoxicaciones en Mejillones por emanaciones de planta Enaex". (27/09/2018). Disponible en: https://regionalista.cl/reportan-intoxicaciones-en-mejillones-por-emanaciones-de-planta-enaex/.

En el sector, el mayor problema de contaminación se expresa en los altos niveles de metales pesados (níquel, cobre, zinc, cadmio, vanadio y plomo) en los sedimentos marinos. En relación con lo mismo, el año 2014, la Corte Suprema dictó un fallo en el cual se establecen responsabilidades por daño ambiental a dos navieras en virtud de un derrame de 2.500 litros de hidrocarburos en dicha bahía. Más recientemente, en 2018 una agrupación de organizaciones medioambientales presentó ante el Ministerio de Medio Ambiente (MMA) un requerimiento para que la zona fuera declarada como "zona saturada"[21]; sin embargo, esto no prosperó. En un evento más cercano, en febrero de este año (2021) se generó un derramamiento de seis toneladas de carbón en la bahía. Los eventos de este tipo son comunes en la zona, que a veces es denominada como el patio trasero de Antofagasta.

Además, se reconoce como zona de sacrificio el sector de Huasco. Esta comuna cuenta con más de 10 grandes industrias contaminantes, entre las que destacan al menos 6 centrales termoeléctricas y 1 fábrica de pellets de fierro. En el sector habitan 10.000 personas aproximadamente, y en 2012 fue declarado "zona de latencia" por MP10, en virtud de que este material sobrepasaba en 80% el límite establecido por la ley. También se ha estudiado otro tipo de contaminantes en el sector, donde destacan la alta presencia de níquel en la orina de niños y de arsénico, plomo, mercurio, entre otros, en el aire y en estado de sedimentación. En ese mismo sentido, estudios del Ministerio de Salud establecen que la comuna de Huasco tiene un mayor nivel de mortalidad por patologías cardiovasculares y cáncer en órganos respiratorios y vías urinarias. Además, el ecosistema marino de la bahía se encuentra deteriorado debido a los constantes vertimientos de residuos industriales al mar, sin autorización. En este sector es de importancia considerar también que la población es mayoritariamente pobre y laboralmente

21 Vale decir, como una zona en que la norma de calidad ambiental, que es aquella que define el máximo permisible de un contaminante en el ambiente, ha sido superada. El interés por que se declare zona saturada dice relación con que ese hecho determina la obligación para el Estado de dictar un plan de descontaminación.

dependiente en gran medida de las mismas empresas que contaminan su ambiente.

Otra zona que ha sido considerada como de sacrificio es la comuna de Coronel. En ella se encuentran 10 empresas contaminantes afectas al impuesto verde de 2017, de las cuales 6 son pesqueras y 4 termoeléctricas. El gran problema ambiental en esta comuna se refiere a la calidad del aire, pues la cantidad de MP10 es tal que, en 2015, según un informe del MMA, el 45% de las emisiones de la intercomuna denominada Gran Concepción es generado en Coronel. De hecho, desde 2006 el sector ha sido declarado constantemente zona de latencia por altas concentraciones de MP10 y MP2,5. En este sentido, además, el mismo informe de 2015 indica que en Coronel, a diferencia del resto de las comunas del sector, la mayor parte de emisiones MP2,5 es generada por las industrias (sobre el 60%), frente al 23% de emisión residencial y el restante de otras fuentes, como quemas agrícolas y fuentes móviles.[22]

En lo que respecta a consecuencias en la salubridad de las personas, se ha demostrado, a través de datos de la Dirección de Salud Municipal de Coronel, que aquellos sectores en donde las estaciones de monitoreo de calidad del aire presentan los más altos niveles de contaminación son justamente donde se encuentra la mayor cantidad de atenciones por enfermedades asociadas al sistema respiratorio. Por otro lado, según un análisis toxicológico aplicado en 2019, los niños y niñas de la comuna podrían tener hasta 10 veces más microgramos de arsénico por litro de sangre de lo permitido por el Ministerio de Salud. Pero la contaminación de estas industrias no solo afecta a la salud de la población, sino que además los grupos de pescadores artesanales han afirmado que afecta directamente a su empleo, pues las termoeléctricas succionan agua del mar para su funcionamiento, y de esa forma matan organismos vivos que habitan en este medio,

---

22 Ministerio de Medio Ambiente. *Análisis general de impactos económicos y sociales del plan de prevención y descontaminación para las comunas de Lota, Coronel, San Pedro de la Paz, Hualqui, Chiguayante, Concepción, Penco, Tomé, Hualpén y Talcahuano.* 2015, p. 13. Disponible en: https://consultasciudadanas.mma.gob.cl/storage/consulta/antecedentes/127f672c-861c-4372-ae17-2858ad283613.pdf.

disminuyendo en gran medida las posibilidades de conseguir una buena pesca en el sector.

Los cuatro territorios anteriores, incluso, tienen una especie de reconocimiento oficial de su calidad de zonas de sacrificio, pues fueron incluidos en un plan que impulsó el gobierno de Chile durante 2016, denominado "Plan de recuperación ambiental y social", que ha constituido el único esfuerzo oficial, aunque infructuoso, de revertir la situación en estas zonas. La nota más común entre estas cuatro zonas es la existencia de termoeléctricas en ellas, responsables de buena parte de los problemas ambientales y sanitarios. Una nota común, entonces, es que desde estas zonas se produce buena parte de los gases de efecto invernadero que emite Chile, siendo, por lo tanto, muestras de cómo los precursores de la crisis climática son a la vez destructivos en lo local y en lo global.

Pero no es menos cierto que, además de estos sectores, existen otras comunas y barrios de Chile que viven realidades similares. Cada vez hay más sectores que se autodeclaran zonas de sacrificio, por diversas realidades que consideran injustas. Independientemente de que el nivel de contaminación de esos sectores no esté en la escala de las zonas antes descritas, la verdad es que sus habitantes sí sienten que están siendo sacrificados y, por lo tanto, perciben una injusticia ambiental. En algunos casos, efectivamente, sus niveles de contaminación son altos, pero no han recibido la misma atención.

Es el caso de la comuna de Tiltil, en la cual existen 50 fuentes fijas de emisiones, además de puntos de descarga de residuos industriales líquidos (riles) y aguas servidas, una empresa criadera de cerdos, rellenos sanitarios (que agrupan el 67% de los residuos de toda la Región Metropolitana), entre otras empresas altamente contaminantes. Además, se genera un gran problema en el ámbito de la infraestructura urbana, ya que el trazado del oleoducto, las líneas de alta tensión pertenecientes al SIC, los relaves mineros Ovejería y Las Tórtolas, la red ferroviaria y las subestaciones eléctricas se encuentran emplazadas cerca de población residente. En la comuna viven 14.000 habitantes y enfrenta una situación de sequía grave, en virtud de la cual se ha dispuesto un régimen de restricción del uso de agua potable a solo 4 horas al día. Ello se suma a la gran contaminación en la principal fuente de agua de dicha comuna (el embalse del Rungue y las napas freáticas) por minerales pesados provenientes fundamentalmente de los relaves mineros; asimismo, los pozos de agua potable o cursos de agua superficial se encuentran contaminados por algunos metales pesados y también por otros elementos tóxicos provenientes de filtraciones de los rellenos sanitarios.

Si bien no existen estudios sobre las afectaciones directas que estas empresas contaminantes generarían en la salud de las personas de dicha localidad, la primera causa de muerte en la comuna es la respiratoria, mientras que en el resto del país esto no es así. Además, los habitantes del sector indican que esta gran cantidad de industrias y asentamientos empresariales contaminantes no son una fuente laboral mayoritaria en la localidad, pues la mayoría de las personas que allí viven se desempeñan en el ámbito agrícola.

Este contexto de injusticia ambiental debe ser resuelto en el más breve plazo, y una Constitución Ecológica debería revertir las lógicas que permiten que se reproduzca y acentúe. El establecimiento expreso de una lógica de distribución justa de cargas y beneficios ambientales, desde lo público, constituiría un mecanismo más aceptable que su distribución de acuerdo a las preferencias del mercado, como sucede actualmente.

En un territorio sin planificación y donde son los inversionistas quienes deciden los lugares donde emplazarán sus proyectos, es inevitable que estos empiecen a concentrarse en zonas más vulnerables. Por un lado, porque se producen economías de escala en la concentración de proyectos similares en un mismo territorio, pues es más eficiente construir una carretera para que circulen los camiones de dos proyectos, que los de solo uno. Y, por otro lado, porque el valor de la tierra en lugares vulnerables es menor, y a mayor concentración de actividades contaminantes ese valor baja.

Lo anterior no logra ser corregido por políticas públicas basadas en costo/beneficio, pues incorporan como ganancias o pérdidas sociales todas las ganancias o pérdidas de los inversionistas y, generalmente, no distinguen por distribución. Si una persona que se encuentra en una situación vulnerable pierde $1, pero un inversionista gana $3, entonces la ganancia social neta será $2. En el mejor de los casos, el sistema de evaluación ambiental u otro intentará "compensar" la pérdida con proyectos en los que no se evalúa de manera alguna la efectiva compensación, ni su distribución.

Entonces, sin variables de justicia ambiental, el sistema opera de la siguiente forma: un inversionista quiere instalar una central termoeléctrica pues considera que el mercado requiere de esa energía y podrá venderla a buen precio. Debe buscar un lugar donde instalarse, comprar un terreno, hacer los estudios, considerar medidas de mitigación, compensación y reparación, y finalmente construir la planta.

Su planta requiere de carbón para funcionar, de una línea de transmisión para llevar la energía a los centros de consumo, de carreteras para facilitar su construcción y conexión, y de otra infraestructura complementaria. El mejor lugar para instalarse, entonces, será uno donde todo ello ya exista, que presumiblemente será aquel en que hay otra planta similar. Incluso, podría ser que la otra planta fuera de la misma empresa, de forma que se podría aprovechar la infraestructura sin problemas, e incluso buena parte de la información para los estudios ambientales ya estaría levantada. Para la aprobación de su proyecto, la empresa no está obligada a hacer análisis de costo/beneficio, sino solo a declarar un impacto cualitativo, muchas veces no exacto, sobre el medio ambiente y las personas. Especialmente, el impacto sobre las personas, que en jerga ambiental se llama "medio humano", tiende a ser descrito de la manera más laxa e inespecífica posible, pues no hay siquiera un organismo del Estado especializado que lo revise.

El análisis cualitativo generalmente dirá que se crearán empleos y que los índices de contaminación estarán dentro de la norma, por lo que no se espera afectar la salud de manera significativa. Se ofrecerá voluntariamente la construcción de un paseo peatonal como compensación a lo anterior y ello será aprobado por la autoridad política, confiando en un análisis técnico previo, que en el caso del "medio humano" no existió.

El incluir la justicia ambiental e intergeneracional como principios en la Constitución no solucionará el problema de las actuales zonas de sacrificio en Chile, es verdad. Pero sí permitirá que, en un futuro no tan lejano, cada vez que, por ejemplo, se estudie la instalación de un nuevo proyecto, o cada vez que se analice la modificación de normas de emisión, se haga proyectando los impactos que ello pueda tener en las generaciones futuras, y buscando evitar aumentar las cargas ambientales que ya soportan las poblaciones más vulnerables.

9. La obligación de proteger el clima y de adaptarnos

La crisis climática y ecológica, la necesidad de abordarla de manera conjunta por los países del mundo, los acuerdos internacionales en la materia, el riesgo para las generaciones actuales y futuras y la necesidad de darles cierta estabilidad a las políticas públicas en la materia han hecho que se comience a hablar del derecho al clima estable, ya sea como parte del derecho a un medio ambiente sano, que se verá más adelante, o como un derecho en sí mismo.[23 y 24]

La protección de la relativa estabilidad del clima, sin embargo, es claramente algo que escapa de los derechos individuales e incluso colectivos dentro de un Estado, puesto que depende en gran parte de la colaboración entre todos los Estados. Las teorías del derecho al clima estable, en realidad, se construyen sobre una obligación de los Estados de cuidar el clima y, por lo tanto, de colaborar globalmente en esta tarea.

Una Constitución Ecológica, que responda al mayor desafío de nuestros tiempos, debiera considerar esta obligación del Estado, tanto desde el punto de vista de la colaboración internacional, como desde el punto de vista de la adaptación al inevitable cambio en el clima, acelerado por la acción humana del pasado. Esto, porque incluso si hoy detuviéramos todas las actividades que favorecen el calentamiento global pasarían varias décadas antes de que ello

23 ONU. *El derecho humano a un medio ambiente sano debe ser reconocido*, 2018. Disponible en: https://news.un.org/es/story/2018/10/1444342.

24 Our Children Trust, caso Juliana vs. US. Disponible en: https://www.ourchildrenstrust.org/juliana-v-us.

tenga efecto, y mientras tanto seguiríamos sufriendo cambios, aunque bastante menos acelerados y dañinos.

La obligación de proteger el clima y de adaptarnos bien podría estar subsumida en otras obligaciones del Estado que se han explicado anteriormente, pues es evidente que la visión de la justicia intergeneracional y la de la protección de los ecosistemas incluiría obligaciones relacionadas con el clima. Pero su mención expresa daría mayor especificidad a este desafío y tendría efectos en la comprensión que tenemos de cuestiones como la mitigación del cambio climático, las leyes de cambio climático y las Contribuciones Determinadas Nacionalmente (NDC, por la sigla en inglés) u otras obligaciones que provengan del régimen de colaboración internacional en la materia.

Por otro lado, la específica referencia a la adaptación se hace necesaria porque una buena parte de la inversión pública de los próximos años debería estar enfocada en esto, pues será necesaria para proteger a la población de los eventos climáticos extremos, para recuperar territorios luego de esos eventos o para reconvertir sectores económicos completos hacia versiones compatibles con la protección del medio ambiente, o compatibles con las posibilidades del territorio.

En esta materia, las obligaciones del Estado para salvaguardar los derechos de las personas y darle seguridad y funcionalidad a la sociedad se traducen en una serie de decisiones que deberán tomarse en múltiples niveles. Las comunidades, sus gobiernos locales y el gobierno central tendrán que participar de manera de consensuar las acciones que se tomarán para efectos de la adaptación, y, por lo tanto, este deber del Estado se relaciona directamente con su organización, con la distribución del poder y también del presupuesto.

Entre las medidas de adaptación mínimas que tendremos que decidir en los próximos años están aquellas que dicen relación con las fuentes de abastecimiento de agua. En algunos lugares se querrá construir desaladoras o inyectar agua en los acuíferos. Se propondrán (y ya se ha hecho) obras de infraestructura más o menos inútiles. El agua disponible se querrá utilizar en uno u otro propósito. Habrá la posibilidad de proteger y recuperar ecosistemas para salvaguardar el abastecimiento de agua.

De la misma manera, tendremos que tomar decisiones sobre el borde costero, que en algunas partes será especialmente afectado por el alza del nivel del mar, que podría dañar pueblos completos, puertos, balnearios, ciudades. La afectación a esos lugares actualmente en operación se prevé multimillonaria. En algunos lugares se propondrá la construcción de barreras, en otros, la relocalización de población. Sin planes de prevención y adaptación, muchos pueblos costeros y sus habitantes podrían terminar simplemente bajo el agua durante alguna tormenta.

Grandes territorios agrícolas dejarán de serlo. Algunos que habitualmente no fueron agrícolas, probablemente, se verán presionados para comenzar a serlo. La pesca no tendrá el mismo rendimiento que en tiempos pasados, debido a la acidificación del mar, entre otros fenómenos. Habrá decisiones serias que tomar al respecto, que influirán de manera frontal en la vida de millones de personas en Chile.

Todas esas decisiones están, hoy en día, a la deriva. Si bien existe un deber genérico del Estado en este sentido en la Constitución de 1980 y otros un poco más específicos adquiridos principalmente mediante los diversos acuerdos internacionales que ha suscrito Chile en la materia, ellos no se organizan de manera armónica ni contienen un mandato claro en ese sentido. El resultado es que existen políticas públicas dispersas que muchas veces cambian entre un gobierno y el siguiente o simplemente no se ejecutan, con autoridades a cargo de hacerlo que no tienen ese deber exclusivo, sin facultades para los gobiernos locales en la materia, muchas veces sin planes concretos ni participación efectiva.

En último término, buena parte de las decisiones que afectarán a millones de personas, o no están siendo tomadas o se dejan abiertas a que sean tomadas de manera desorganizada y descoordinada por cada persona, empresa u organización, cuestión que puede resultar mucho más ineficiente que la colaboración en estos casos y que, en el peor de los casos, impide la acción, ya sea de los privados o del Estado.

En cambio, estableciéndose un deber del Estado de proteger el clima y adaptarse al cambio climático, se generarán dos tipos de obligaciones. Por un lado, el aparato estatal se verá directamente obligado a actuar en ese sentido, de forma tal que si así no se hiciera –por ejemplo, si se establecieran NDC pero que no se llevaran a cabo en el periodo prometido– las personas tendríamos la posibilidad de demandar que el Estado cumpla con su deber de actuación. Por otro lado, habrá una obligación de omitir realizar actos que vayan en contra de la protección del clima; es decir, una prohibición de realizar actividades contaminantes u otras que contribuyan al calentamiento global, siempre que no sean actividades imprescindibles.

Finalmente, la acción climática debería estar acompañada de la noción de la "transición justa". Esta refiere a que las medidas y modificaciones que se produzcan a propósito de la transición económica que impone la crisis climática no vayan en perjuicio de quienes tienen menos responsabilidad en dicha crisis. Esto significa, por una parte, que no sean las y los trabajadores de las industrian contaminantes los que carguen con el costo de su cierre, y, por la otra, que no sean las mismas personas y territorios que han sufrido los embates de las actividades contaminantes o de la propia crisis climática aquellos que deban cargar ahora con los impactos de las soluciones a la crisis.

Así, por ejemplo, al cerrar las termoeléctricas o la minería del carbón, que ha generado importantes beneficios a sus dueños, no deberían simplemente dejar sin trabajo a quienes se desempeñaban en dichas industrias. De la misma forma, resultaría impresentable que una comunidad que se queda sin agua por la deforestación de su territorio tenga que cubrir por sí misma el costo de recuperación de ese ecosistema. Tanto quienes se beneficiaron de la producción de daños, como el colectivo que lo toleró e incluso lo incentivó son responsables de propiciar que en la transición exista este mínimo de justicia.

IV. Distribución del poder y protección del medio ambiente

Parte del poder que crea y distribuye una Constitución estará vinculado a la toma de decisiones con contenido ambiental. Las normas que se encargan de esa distribución de poder tendrán un rol tanto desde cuestiones relativamente sencillas, como la ubicación de un determinado proyecto, hasta cuestiones complejas como el tipo de industria que se desarrollará en el país.

La creación y distribución de poder tienen que ver con el otorgamiento de facultades y medios a diferentes instituciones y personas, respecto de lo cual nada resulta efectivamente dado por la naturaleza, sino que todo está mediado por una decisión social. Es posible pensar que las decisiones sobre el uso y aprovechamiento de los bienes naturales deban ser tomadas en la misma Constitución, directamente por el poder constituyente con mucho detalle. O que en cambio se pongan ciertos lineamientos pero que sea luego el Poder Legislativo el que tenga que tomar esas decisiones, o quizás los representantes regionales en la nueva distribución territorial. Podría ser también que decida el colectivo de manera directa a través de plebiscitos, o los dueños de los bienes naturales (suelos, bosques, humedales, etc.) obedeciendo ciertas regulaciones, o sin regulación alguna.

La pregunta a responder, entonces, en esta sección dice relación con cuál es el arreglo que podría resultar más beneficioso para la sociedad en el largo plazo, desde un punto de vista institucional. Esta distribución de poder tiene una dimensión geográfica y una dimensión organizacional, que serán ambas abordadas en este capítulo.

10. Vengo de la cordillera al mar

Entre campos de hielos y glaciares, ríos que corren a toda velocidad y extensos bosques australes que nunca ceden su color verde, la Patagonia Chilena se extiende como un paisaje único y sobrecogedor ante los ojos de cualquiera que tenga la suerte de observarlo.

Lamentablemente, las amenazas de intervención en este territorio corren junto con los ríos y se proyectan en sus cursos y desagües, extendiéndose hasta el mar. Es probable que una de las amenazas más significativas ha sido el proyecto HidroAysén. Con este plan, las empresas Endesa (España) y Colbún (Chile) se disponían a construir cinco represas para generación de energía hidroeléctrica en los ríos Baker y Pascua, en la Región de Aysén, uno de los sectores más prístinos de Chile, donde tanto estos ríos, como los bosques nativos, lagos y montañas que dependían de ellos se desarrollan plácidamente y sin los efectos negativos de la acción humana.

El proyecto era una decisión de los inversionistas, quienes desde Santiago, Madrid o Roma veían en estos ríos la posibilidad de generar un negocio de varios cientos de millones de dólares, mediante la generación de energía. La magnitud de la intervención proyectada era tal, que además de las 5 represas, el proyecto contemplaba hacer una línea de transmisión propia, en paralelo al Sistema Interconectado Central, para llevar la energía por más de 2.000 kilómetros hasta los centros de consumo.

Pero ambientalmente hablando, ¿qué significaba el proyecto? Se trataba del levantamiento de 3.800 torres de hasta 80 metros de altura, que recorrerían todo el centro y sur de Chile. Además, la construcción del megaproyecto pasaba por al menos siete parques nacionales y ocho territorios indígenas, e inundaba parte del Parque Nacional Laguna San Rafael.

Desde su presentación al sistema de evaluación de impacto ambiental, la resistencia se hizo sentir desde varios frentes, pero especialmente desde las organizaciones locales. El proceso de participación ciudadana tuvo más de 10.000 observaciones, mientras que las autoridades estatales seguían defendiendo la intervención por considerarla beneficiosa económicamente. Los medios también se dividían: unos acusaban al movimiento social por frenar la agenda energética, mientras que otros alentaban la lucha por la protección del territorio.

En el año 2011, el proyecto fue aprobado,[25] a pesar de todos sus impactos. Entonces el conflicto pasó a las calles y tomó más fuerza que nunca, generándose una de las movilizaciones sociales más grandes de la historia del país, en algo que luego sería absorbido por el movimiento estudiantil de la época. Cerca del 70% de la población de Chile en ese momento decía apoyar la mayoría de las causas visibilizadas en las protestas, que incluían la negativa a HidroAysén.[26]

Fue en esto que el movimiento Patagonia sin Represas[27] tomó más fuerza que nunca: el conglomerado ambientalista, que había nacido en el año 2006 con el fin de concientizar a la población en torno a la protección del ecosistema natural del sur de Chile, realizaba llamados a marchar para promover la pelea en contra del megaproyecto. Una potente campaña mediática acompañó a la protesta: imágenes intervenidas mostraban íconos chilenos como las Torres del Paine invadidas por centrales productivas: "Aquí no lo harían, en Aysén tampoco deberían", ese era el principal mensaje. Si bien la industria se amparaba en la promesa de generar energía y empleo para los y las chilenos/as, solo el 31% de la población se mostraba a favor del proyecto.[28]

---

25 El Mundo. *Chile aprueba un polémico proyecto hidroeléctrico en Patagonia por [US$] 3.200 millones*, 2011. Disponible en: https://www.elmundo.es/america/2011/05/10/noticias/1304982696.html.

26 Centro de Estudios Públicos. *Estudio Nacional de Opinión Pública Nº 64*. (Junio-julio, 2011). Disponible en: https://www.cepchile.cl/estudio-nacional-de-opinion-publica-junio-julio-2011-incluye-tema/cep/2016-03-04/095600.html.

27 Tompkins Conservation. *Patagonia sin Represas*. Disponible en: http://www.tompkinsconservation.com/sp/patagonia_sin_represas.htm.

28 *La Segunda*. "Encuesta revela que el 60% de los aiseninos se opone a centrales hidroeléctricas", 2011. Disponible en: http://www.lasegunda.com/noticias/nacional/2011/05/647778/encuesta-revela-que-el-60-de-los-aiseninos-se-opone-a-cen trales-hidroelectricas.

Luego de que el proyecto se posicionara incluso como uno de los temas de debate entre los candidatos presidenciales, el año 2014 su autorización fue parcialmente anulada por el Comité de Ministros y el año 2017 la decisión fue ratificada por el Tribunal Ambiental, provocando que en diciembre de 2017 las empresas que lo desarrollarían le dieran fin, renunciando al proyecto y a los derechos de aguas que mantenían en la zona.

Pero así como la Patagonia, muchos sectores del país, de cordillera a mar y desde el desierto a los hielos, se ven constantemente amenazados por las iniciativas industriales que se deciden desde la centralidad. HidroAysén no sería un proyecto de desarrollo local, en ningún caso. La idea era generar energía en un sector con baja densidad poblacional y poco consumo energético, y transportarla miles de kilómetros hasta los centros de consumo en el centro del país, sacrificando de alguna forma esos territorios, ríos y ecosistemas de la región de Aysén.

11. Nuestro lugar en el mundo

Desentramar la cuestión sobre el lugar donde habitamos es relevante para la discusión que enfrentamos. La división geográfica que se realiza nos sitúa y nos da sentido en tanto habitantes de un determinado lugar. No es lo mismo ser habitante de la región de La Araucanía que serlo del Wallmapu, ni serlo de la Región de Aysén que de la Patagonia.

Como dice Harvey, estudiando a Heidegger: "Habitar es la capacidad de alcanzar una unidad espiritual entre los humanos y las cosas".[29] Esta idea se profundiza en Heidegger con la metáfora de que los humanos en cierto sentido somos también plantas, y que por lo tanto nuestras raíces en el lugar donde habitamos son valiosas y relevantes para nuestro existir y nuestra posibilidad de dar frutos.

29 Harvey, David. *Justicia, naturaleza y geografía de la diferencia.* Traficantes de Sueños, 2018, p. 389.

Me parece innegable la relación de nuestro ser con el lugar en que nos situamos. No en vano parte importante de nuestras identidades están mediadas por esta realidad geográfica. Nuestros gustos, afectos, creencias, miedos y esperanzas se ven afectados según cual sea nuestro lugar, y el lugar es mucho más que la dirección o el barrio, es el conjunto de relaciones naturales, sociales e institucionales que configuran su existencia. En el pueblo mapuche, la relación del territorio con la identidad es fundamental. En su filosofía, el territorio es mucho más que el entorno en que se desarrolla la persona, sino que ese territorio es determinante en el *tüwun* y el *kupalme,* ambos elementos que configuran la identidad de la persona. El *tüwun*, es un concepto multifacético y encierra en su comprensión muchos aspectos de la identidad, entre ellos el lugar de origen de cada uno. Luego, el *küpalme*, representa el linaje y los ancestros de cada persona. El territorio en que nacimos, crecemos y vivimos, y el territorio en que vivieron nuestras/os antepasadas/os se representa en nuestra memoria, y de esa forma se estructura y define nuestra identidad, tanto psicológica como emocionalmente.

La esquina de las calles Andrés Bello y Vicuña Mackenna contiene a los árboles del parque forestal, las esculturas del centenario regaladas por los gobiernos de Italia y Alemania, al río Mapocho y su sonido nocturno, la vista de la Escuela de Derecho de la Universidad de Chile, la energía del centro de encuentro de la ciudad de Santiago y la tensión por mantener un nombre –histórico (plaza Italia), oficial (plaza Baquedano) o uno popular reciente (plaza Dignidad)–, las diferencias entre los gobiernos comunales de Santiago y Providencia, los vendedores callejeros, la acción policial, la pizzería de la esquina, el olor de las mañanas luego de días de protesta y el olor de las mañanas los fines de semana, las cicletadas los domingos, la alegría de los mundiales, la vista del cerro San Cristóbal, las hojas del otoño y tantas cosas más.

Alguien que efectivamente habita ese lugar, por lo tanto, se encuentra en conexión con todas esas cosas y también es parte de lo que contiene ese lugar. El lugar del ejemplo puede ser especialmente vibrante y complejo, pero sucede lo mismo en cualquier otro y en diferentes escalas.

La conexión con el lugar, el habitar, permite entonces construir relaciones significativas no solamente con el propio lugar, sino que también con todas las demás entidades que lo conforman, generándose así una mayor posibilidad de valoración y protección, e incluso una visión mucho más aguda sobre las necesidades de cambio.

Conectarse con la naturaleza a veces aparece como un eslogan vacío que intenta propiciar ciertas formas de vida y vendernos productos *outdoor*, pero es también una condición para la efectiva protección de la naturaleza. Y esa conexión no tiene solo que ver con subir montañas o nadar en ríos, por estimulante que eso sea, sino que también tiene una dimensión cotidiana en, precisamente, el habitar.

Dicha conexión está situada también institucionalmente. Puedo ser habitante de mi barrio o villa, pero también lo soy de mi comuna y mi región, y también lo soy de mi cuenca, mi montaña o mi desierto, y en todo ello busco y encuentro en parte un sentido de pertenencia. Es sin dudas un problema cuando el sentido de pertenencia geográfica no calza con la efectiva organización administrativa del referido lugar. Es un problema desde el sentido del habitar, pero también es un problema práctico, pues la red institucional que se encarga del espacio geográfico en cuestión se fracciona y dificulta la protección de esos espacios, muchas veces no considerando a quienes efectivamente habitan esos lugares.

Son las personas que habitan los lugares quienes tienen una mejor visión de los mismos, de sus carencias, de sus potencialidades y de su valor. Es por ello que la gestión que se haga de los territorios debería siempre provenir de los propios territorios. Ya sea una obra de intervención pública o una inversión privada, la manera en que se hagan va a cambiar un territorio, y parece poco respetuoso de la vida, expectativas y seguridad de las personas el no considerarlas en ese cambio.

12. De las regiones y provincias, a una división por cuencas

Una de las definiciones fundamentales de la Constitución es sobre el tipo de Estado que tendremos en el futuro, respecto de lo cual las formas de Estado unitario o Estado federal son los conceptos esenciales. En los Estados unitarios, el poder se concentra en una sola administración central, como es el caso actual de Chile. En los Estados federales, en cambio, el poder se distribuye en diferentes unidades territoriales, manteniéndose un poder central que tendrá las atribuciones específicas que le dé la Constitución. Entre estos dos modelos, hay una serie de arreglos diferentes en que los gobiernos locales tienen más o menos poder en relación con el gobierno central.

Es una práctica habitual que los países se dividan en diferentes unidades territoriales, como regiones, provincias o estados. A veces esa división obedece a factores históricos y políticos, de manera de respetar las identidades territoriales y culturales de determinados sectores o pueblos. Esto es lo usual en los Estados federales y también es posible de ver en algunos Estados unitarios, con mayor o menor grado de autonomía para las regiones. Otras veces, en cambio, son una división meramente administrativa para simplificar la gestión centralizada de los territorios. Una división hecha "desde arriba".

Aunque en ambas soluciones terminemos con una división territorial determinada y que tendrá un conjunto de facultades y herramientas, en la base de estas divisiones hay diferencias muy importantes.

En el caso de Chile, la división territorial del Estado ha sido desde un principio pensada de manera colonial y, por lo tanto, estableciendo unidades territoriales que permitan una mejor administración desde el poder central, que establece delegaciones en los territorios del país, las cuales obedecen en su lógica y en su funcionamiento al gobierno central. Así, por ejemplo, los intendentes y secretarios regionales ministeriales, si bien tienen presencia en la región, responden a Santiago.

Durante el siglo XIX y la mitad del siglo XX, Chile estuvo dividido en provincias, delegaciones y subdelegaciones que fueron determinadas con criterios de administración del territorio, siendo que incluso existieron los llamados "territorios de colonización", que correspondían a aquellos en que aún había tensiones para el control de los mismos.

Las provincias se mantuvieron con modificaciones sucesivas a propósito de los territorios anexados en la Guerra del Pacífico y la colonización definitiva del extremos sur, hasta 1974, cuando la dictadura produjo el proceso de regionalización que deriva en la división territorial actual, la cual sin embargo ha ido siendo modificada, mediante un proceso que ha elevado el número de regiones, de 12 a 16.

Pero, como vemos, todos estos procesos han sido marcadamente centralistas y con lógica de administración colonial, ciegos por lo tanto a los territorios y sus características.

Llegar a una división regional que efectivamente recoja el arraigo territorial facilitaría que dichas regiones puedan generar sus propios modelos de desarrollo, e incluso instituciones y normas que refuercen esos modelos. Esto último requiere de un proceso social que permita entender cuál sería la división óptima en este sentido, cuestión que puede ser parte del proceso constituyente en marcha.

Sin embargo, esa división territorial debería tener como unidad básica las cuencas, que resultan en una unidad geográfica básica compuestas por los ríos, sus afluentes y todo el territorio en que el agua drenan en el mismo sentido. La cuenca es una unidad geográfica muy importante, pues de alguna manera delimita un espacio en que la conexión entre los elementos naturales y artificiales va a influir directamente sobre el ciclo del agua y, con ello, sobre las posibilidades de subsistencia e industria de las personas que habitan la referida cuenca.

Las cuencas suelen ser unidades territoriales y culturales en sí mismas, pues dada la centralidad del agua en la vida de las personas, ellas suelen converger en estos territorios y es así como los asentamientos humanos desde antiguo se han ubicado en torno a los ríos y se han comunicado con otros que están en el mismo espacio geográfico.

Una división y ordenamiento basados en las cuencas permitirían integrar las potestades administrativas relacionadas con el medio ambiente, con una unidad territorial donde dichas potestades pueden ser coordinadas y enfocadas en un determinado sentido, pareando además la necesidad de protección de los bienes comunes de la cuenca, con la administración en general del territorio. Esto dota de mayor sentido a los gobiernos locales y, a su vez, permite integrar de mejor manera a los habitantes de esos territorios en la gestión de los mismos.

Para hacernos una idea en términos de cantidad, Chile cuenta con 101 cuencas y, actualmente, con 346 comunas, 56 provincias y 17 regiones, por lo que el uso de la cuenca como base de la división territorial se encontraría muy dentro de los márgenes de la organización actual, siendo que no necesariamente cada cuenca debe constituirse en una unidad, sino que pueden haber unidades que agrupen cuencas y, por ejemplo, podríamos pensar en regiones que tengan un número variable de cuencas y que en ellas exista un número variable de comunas.

13. Las ciudades y el derecho a la ciudad

En la manera como organizamos el territorio actualmente tampoco existen las ciudades, pues cuando ellas abarcan más de una comuna (como sucede en Concepción, Valparaíso, Santiago y Coquimbo, al menos) no existe ninguna unión en términos de gobierno o políticas públicas locales, sino que cada comuna que compone la ciudad sigue actuando dentro de su territorio y sin necesidad de coordinarse con las demás, cuestión que genera notorias diferencias entre las comunas, su calidad de vida, acceso a servicios, políticas de movilidad y normas urbanísticas, entre otras.

Tomando en cuenta que una Constitución Ecológica tiene como desafío observar cómo los sistemas de vida humana y otros se interrelacionan en el territorio, parece necesario considerar a las ciudades como una unidad territorial en sí mismas, con una gobernanza que se sitúe por sobre las comunas y tenga las facultades para efectivamente gestionar a la ciudad.

Esto, además, está vinculado con la idea del derecho a la ciudad, que es un concepto que propone dos comprensiones interesantes sobre la relación de las personas con la ciudad.

Por una parte, tenemos la visión que fuera en su momento expresada por el filósofo francés Henri Lefebvre, y vuelta a poner en la discusión académica por David Harvey. Para Lefebvre, el derecho a la ciudad es el derecho a la apropiación del espacio; la facultad de las personas y comunidades de decidir cómo se utiliza ese espacio y de qué forma entonces ese espacio ayuda al desarrollo de sus vidas. Es una idea que tiene en consideración la posibilidad de las personas de acceder a recursos urbanos, pero también de modificar tanto el espacio como la vida social y personal a través de la modificación del espacio, a través de la gestión colectiva de los espacios.

Esta conceptualización no es necesariamente equivalente a lo que conocemos como un derecho, pues más bien es una consigna sobre cómo colectivizar la producción de la ciudad. La idea de Lefebvre es que la ciudad debería ser un reflejo de las personas que la habitan y ser producida y modificada de manera colectiva.

Por otra parte, existe una comprensión por parte de organismos internacionales que interpreta el derecho a la ciudad como la posibilidad de las personas de satisfacer sus derechos fundamentales en la propia ciudad, poniéndolo como un derecho de carácter colectivo. La Organización de Naciones Unidas para los asentamientos humanos (ONU-Hábitat) define el derecho a la ciudad como

> el derecho de todos los habitantes, presentes y futuros, permanentes y temporales, a habitar, utilizar, ocupar, producir, transformar, gobernar y disfrutar ciudades, pueblos y asentamientos urbanos justos, inclusivos, seguros, sostenibles y democráticos, definidos como bienes comunes para una vida digna, que deben compartirse y pertenecer a todos los miembros de la comunidad.[30]

30 ONU-Hábitat. *Right to city. Agenda del derecho a la ciudad: Para la implementación de la Agenda 2030 para el Desarrollo Sostenible y la Nueva Agenda Urbana*, 2019. Disponible

Se ha avanzado en reconocer que para la satisfacción de los derechos fundamentales de las personas, y considerando que la mayoría de ellas habitan en las ciudades (en Chile, sobre el 87%), se requiere de una preocupación especial sobre la forma en que las propias ciudades propician o permiten la satisfacción de tales derechos, y esto pasa por variables como el acceso a la vivienda, a áreas verdes, a bienes y servicios, al trabajo, los servicios básicos, educación, salud, aire y agua limpia, etcétera.

Esa satisfacción, desde el punto de vista del derecho a la ciudad, pasa también por la creación colectiva del espacio, tanto en la versión más política del derecho a la ciudad como en la versión más jurídica del mismo. Así, este punto es uno que se releva y, por lo tanto, los sistemas de gobernanza de las ciudades se vuelven especialmente importantes.

Finalmente, una perspectiva del derecho a la ciudad va a suponer que exista justicia territorial, cuestión que se produce en parte mirando a las variables de distribución de bienes y servicios, y en parte asegurando el derecho a la participación de las personas y colectivos en la toma de decisiones sobre la ciudad. Mientras una buena parte de estas cosas son de desarrollo legal, más que constitucional, ellas no son posibles sin un reconocimiento de la existencia de las ciudades y la creación de organismos administrativos que las gestionen desde ese reconocimiento, superando la división comunal como eje de ordenación (o falta de ordenación) de la ciudad.

Siendo las ciudades el medio ambiente en el que habitamos una parte muy importante de las personas en Chile, incorporar en su desarrollo variables que nos vuelvan a conectar con la naturaleza y que aumenten nuestra calidad de vida aparece como un desafío importante para la Constitución Ecológica.

---

en: https://www.right2city.org/wp-content/uploads/2019/09/A6.1_Agenda-del-derecho-a-la-ciudad.pdf.

14. ¿Quién decide el desarrollo local?

El desarrollo de la industria extractiva ha sido parte importante de la agenda del poder centralizado hace varias décadas. Es cosa de fijarse en el caso de la salmonicultura, una actividad que comenzó hace treinta años en el país y en la cual hoy Chile se posiciona como el segundo productor más grande del mundo, con el 27,1% de la producción mundial total.[31] La constante y creciente demanda de países como Estados Unidos y Japón ha beneficiado continuamente al poder empresarial, el que ha continuado con una actividad de grandes ganancias y gran destrucción de los territorios intervenidos.

Fue en la década de los setenta que la empresa de origen chileno Piscicultura Lago Llanquihue Ltda. comenzó a cultivar truchas en el sector de Puerto Varas, y la empresa estadounidense Union Carbide se le sumaba en la misma actividad en Chiloé. Pero no fue hasta 1980, con la introducción de la especie de salmón atlántico, que la actividad económica en torno al salmón comenzó a crecer exponencialmente. En 1987, la Fundación Chile se había encargado de mejorar las tecnologías en torno a la industria salmonera a través de Salmones Antártica, su filial;[32] de ahí se expandiría la idea, y mientras a comienzos de los 80 la producción era de 500 toneladas aproximadamente, para el comienzo de los años 2000 ya superaba las 600 mil toneladas.

¿Y cuál es el impacto de esto? Los salmones se cultivan en jaulas en el mar, por lo que todos los antibióticos que se utilizan para mantenerlos con vida son también absorbidos por otras especies, lo mismo sucede con todos los desechos orgánicos de estos centros de cultivo. A ello se suma el escape frecuente de salmones al mar, lo que, al tratarse de una especie carnívora, afecta gravemente a la biodiversidad y la pesca local de dichos sectores.

---

31 FAO. *Fishery and Aquaculture Statistics. Global capture production 1950-2018 (FishstatJ)*, 2020.

32 Basulto del Campo, Sergio. *El largo viaje de los salmones. Una crónica olvidada. Propagación y cultivo de especies acuáticas en Chile.* Maval Ltda. 2003.

Para graficar este punto, recordemos que en el año 2018 Marine Harvest –una de las grandes empresas salmoneras del mundo, que concentra la mitad de las industrias de este tipo en el país y que casi el 30% de sus ganancias totales vienen de su actividad en Chile– declaró que en un solo evento 690.000 ejemplares de salmón se fugaron de sus jaulas.[33] A pesar de que en el 2016 había sido sancionada por Sernapesca por eventos similares, en el 2017 ya se le había permitido aumentar nuevamente su producción, para que luego, al año siguiente, ocurriera la masiva fuga. El escándalo público fue de tal magnitud que la empresa decidió cambiar su nombre, y hoy es conocida como MOWI.[34]

De la misma manera y según el director del Centro Ecocéanos, Juan Carlos Cárdenas, en los últimos 20 años las industrias salmoneras han introducido más de veinte enfermedades virales, bacterianas y parasitarias que no existían en el sur de Chile, a partir de la importación de ovas de los países nórdicos, elemento que se utiliza para hacer crecer a los salmones. Además, el experto señaló que en nuestro país se utilizan 700 veces más antibióticos por tonelada de salmón producida que en lugares como Estados Unidos, Noruega y Canadá.[35]

La idea, teóricamente positiva de desarrollo ligado a la industria de salmón que tanto prosperaba en la década de los 80, ya era un desastre veinte años más tarde y en eso tiene una fuerte influencia el que ella se haya pensado sin tener en consideración el territorio.

El descontento de los territorios afectados y la desconexión entre los valores de sus habitantes y aquellos que son promovidos

---

33 *The New York Times*. "Una fuga de casi 700.000 salmones en Chile alarma a los ambientalistas". (03/10/2018). Disponible en: https://www.nytimes.com/es/2018/10/03/espanol/america-latina/una-fuga-de-casi-700-000-salmones-en-chile-alarma-a-los-ambientalistas.html.

34 *Biobío Chile*. "Productora noruega de salmones Marine Harvest cambia su nombre a MOWI". (13/11/2018). Disponible en: https://www.biobiochile.cl/noticias/economia/negocios-y-empresas/2018/11/13/a-4-meses-de-que-se-fugaran-mas-de-medio-millon-de-salmones-marine-harvest-decide-cambiar-su-nombre.shtml.

35 *Diario UChile*, 2018. Disponible en: https://radio.uchile.cl/2018/07/25/industria-salmonera-como-destruye-el-fondo-marino-del-sur-de-chile/.

por el poder centralizado se verían aún más claros en el episodio de la marea roja de 2016 y las fuertes protestas sociales en Chiloé.

Una mañana de abril del año 2016, la caleta de Queule amaneció en demasiada calma. Miles de peces flotaban sin vida alrededor del muelle y los botes, y los pescadores artesanales de la zona no podían desarrollar como de costumbre su matutino oficio. Desde ya notaban que no había nada de natural en un fenómeno que sería solo el comienzo de una seguidilla de mortalidades de especies marinas, cuestión que en la Región de los Lagos –lugar de los hechos– es especialmente grave, pues ahí se concentra el 36 % del total de pescadores/as artesanales del país,[36] quienes vieron frenadas sus labores durante los fatídicos eventos.

Para las fuentes oficiales, el fenómeno era efecto de la marea roja, conocida por causar estragos en la fauna marina local de manera cíclica. Pero esa respuesta no dejó tranquilas a las personas, que sospechaban (y aún sospechan) que el fenómeno obedeció a un efecto de la contaminación marina producida por la industria salmonera.

No era una suposición sin base. Además de que nadie conoce el territorio como los pescadores de la zona, era un hecho conocido que en marzo de ese año Salmón Chile había solicitado a la Dirección General del Territorio Marítimo y Marina Mercante (Directemar) la autorización para tirar al mar miles de toneladas de salmones muertos durante una crisis sanitaria de los centros de cultivo.

Luego de una consulta con Sernapesca, la autoridad decidió aprobar dicha solicitud de la industria salmonera, y para finales de mes la cantidad total de salmones muertos que había sido arrojada al mar ascendía a las 4.655 toneladas.[37] Los pescadores insistían en que esto guardaba relación con el fenómeno que afectaba la vida de

36 Subsecretaría de Pesca y Acuicultura. *Mujeres y hombres en el sector pesquero y acuicultor de Chile 2019* (PDF). *Subpesca*. p. 8.

37 Servicio Nacional de Pesca y Acuicultura (2016). *Informe fiscalización de la resolución D.G.T.M y M.M. Ord. N° 12.600/05/114/vrs, de la autoridad marítima relativa al vertimiento de desechos de salmones.*

Chiloé, lo que tanto las autoridades como las empresas se negaban a reconocer.

El 25 de abril se realizó la primera movilización de vecinos en Ancud, quienes protestaban contra la crisis económica y exigían soluciones y mejoras. El 29 de abril, a través de un decreto presidencial, se declaró todo el litoral de la región en zona de catástrofe a raíz de la fuerte marea roja que afectaba el ecosistema marino, estimándose que cerca de 7.000 familias estaban siendo afectadas por el incidente, prometiendo que se entregaría apoyo económico para hacerle frente a la crisis.[38]

"Este es el fenómeno de mayor gravedad en la historia de Chiloé", sentenciaba el científico Benjamín Suárez, que en ese entonces era el director del Laboratorio de Toxinas Marinas de la Universidad de Chile.[39] En mayo las manifestaciones se tomaban la isla: la conocida estatua de la Pincoya fue intervenida con pintura negra para simbolizar los desastres a costa de las industrias de salmón en el mar, las barricadas bloquearon los caminos principales y los vecinos ocuparon oficinas estatales ante la falta de respuestas reales.

El gobierno les había ofrecido un bono de cien mil pesos mensuales, una suma totalmente insuficiente, por lo que las protestas continuaron y traspasaron el mar hasta la capital chilena, donde múltiples personas se congregaron en plaza Italia para protestar en apoyo a los pescadores artesanales de Chiloé.[40] Durante los días siguientes se vieron manifestaciones masivas en Valparaíso, Coyhaique, Concepción, Valdivia, y para el 6 de mayo de ese mismo año protestantes lanzaron cabezas de salmones al jardín de La Moneda, como señal de protesta en contra de la ineficiencia gubernamental

---

38 *Infogate*. "Marea roja: Decretan Zona de Catástrofe para borde costero de Los Lagos". (29/04/2016). Disponible en: https://www.infogate.cl/2016/04/29/marea-roja-decretan-zona-de-catastrofe-para-borde-costero-de-los-lagos/.

39 *Diario Uchile*. "Científico por marea roja: «Este es el fenómeno de mayor gravedad en la historia»". (1/05/2016). Disponible en: http://radio.uchile.cl/2016/05/01/cientifico-por-marea-roja-este-es-el-fenomeno-de-mayor-gravedad-en-la-historia/.

40 *24 Horas*. "Manifestantes se reúnen en plaza Italia en apoyo a Chiloé". (05/05/2016). Disponible en: https://www.24horas.cl/nacional/manifestantes-se-reunen-en-plaza-italia-en-apoyo-a-chiloe-2007529.

ante los incidentes de marea roja. Un panorama nefasto y nauseabundo que combinaba con el actuar estatal.[41]

La siguiente estrategia por parte del Estado fue enviar a Fuerzas Especiales de Carabineros[42] a reprimir a la población, generando aún más inseguridad entre los locales, que no solo perdían su sustento económico, sino que también su libertad. Las manifestaciones se convertían en enfrentamientos, en los que Fuerzas Especiales lanzaban gases lacrimógenos en contra de la población, dejando a varios lesionados. Hubo acusaciones, que con el tiempo se harían más comunes, de que Carabineros lanzaba bombas lacrimógenas dentro de los hogares.

Mientras los pescadores buscaban solución a la crisis, también insistían en que los efectos que se veían tanto en los peces como moluscos y mariscos no solo se trataban de marea roja, sino que además los residuos salmoneros tenían parte de la responsabilidad.

El 19 de mayo de aquel año, el gobierno llegó a un acuerdo con los pescadores, y meses después se entregó el informe final de la comisión científica del propio gobierno, que señalaba que el vertimiento de toneladas de salmón muerto no habría sido causante del fenómeno de marea roja, cuestión que al día de hoy no convence a personas y organizaciones; sobre todo cuando un estudio independiente, encargado por Greenpeace, llegó a la conclusión contraria, explicando que la industria salmonera tenía gran parte de la responsabilidad, ya que al haber lanzado toneladas de desechos tóxicos al mar había creado una especie de "fertilizante" para la marea roja, empeorando notoriamente sus efectos en las costas de la isla.[43]

---

41 *Radio del Mar* (Chile). "Protesta de Chiloé llega a La Moneda: Jardines del Gobierno en Santiago se tiñen de la contaminación salmonera". (06/05/2016). Disponible en: https://www.radiodelmar.cl/2016/05/protesta-de-chiloe-llega-a-la-moneda-jardines-del-gobierno-en-santiago-se-tinen-de-la-contaminacion-salmonera/.

42 Soy Chile. "Por crisis de marea roja: Fuerzas Especiales de Carabineros ingresaron a Chiloé. (04/05/2016). Disponible en: https://www.soychile.cl/Chiloe/Policial/2016/05/04/391191/Fuerzas-Especiales-ingreso-a-Chiloe.aspx.

43 *Mongabay*. "Informe de Greenpeace culpa a salmoneras y al gobierno de Chile por el desastre ambiental en Chiloé". (06/09/2016). Disponible en: https://es.mongabay.com/2016/09/greenpeace-informe-culpa-salmoneras-al-gobierno-chile-desastre-ambiental-chiloe/.

Mientras escribo estas páginas, en las regiones de Aysén y Los Lagos está sucediendo un problema similar. Durante el mes de abril de este año (2021) se registró una mortandad masiva de especies, entre ellas, 4.000 toneladas de salmones. Este ya no tan extraño fenómeno se generó por el desequilibrio ecosistémico que la misma industria salmonera contribuye a generar, produciéndose una floración de microalgas en el sector, lo cual finaliza en la muerte de las especies marinas.

Esta breve reseña sobre algunos de los conflictos que ha enfrentado la industria salmonera sirve de muestra para entender cómo la idea de desarrollo económico empujada desde la centralidad colisiona con las formas de vida y valores locales, siendo que en casos extremos lleva incluso a la destrucción de esas formas de vida y de los ecosistemas, convirtiéndose entonces en actividades que por su intensidad terminan por destruir el territorio en todas sus formas, amparadas en la protección de las decisiones políticas tomadas en un territorio completamente ajeno al destruido.

Gabriela Mistral observaba en "Noche de metales",[44] parte de su Poema de Chile, como es que finalmente estas actividades extractivas intensivas terminan apropiándose del territorio:

Dormiremos esta noche
sueño de celestes dejos
sobre la tierra que fue
mía, del indio y del ciervo,
recordando y olvidando
a turnos de habla y silencio

Pero todos los metales,
sonámbulos o hechiceros,
van alzándose y viniendo
a raudales de misterio
–hierro, cobre, plata, radium–
dueños de nosotros, dueños.

44 Mistral, Gabriela. "Noche de metales", en *Poema de Chile*, Editorial Pomaire, 1967, p. 17.

La configuración de un territorio cambia cuando es objeto de una industria extractiva e intensiva. En la noche de Mistral, la tierra de los humanos y de los ciervos ya no lo es más. Ahora todos ellos son objetos para los raudales de metales, que en realidad poseen el territorio y, con ello, a las vidas y sus interacciones.

15. Desarrollo local, decisiones locales

Una división territorial que esté en línea con los ecosistemas no servirá de mucho si no existe a su vez una distribución de competencias y potestades que permita a las autoridades locales tomar decisiones que efectivamente tengan un impacto sobre el territorio, como por ejemplo aquellas relativas a la instalación de nuevas industrias. Actualmente, esto es muy escaso y las decisiones sobre la afectación de los componentes ambientales son enteramente tomadas en el poder central, apenas con un espacio para la participación ciudadana pero sin ninguna influencia de los gobiernos locales.

Así, por ejemplo, la decisión sobre la instalación de un proceso industrial será tomada en primer lugar por quien quiera instalar ese proceso, que decidirá el tipo de proceso y el lugar donde quiere hacerlo. Si es dentro de un radio urbano, es posible que exista un plan regulador que le imponga ciertas condiciones, pero si es fuera de dicho radio en general tendrá la mayor de las discrecionalidades para decidir qué lugar intervenir. En seguida, la aprobación de ese proyecto, si es que llegase a requerir de evaluación ambiental, será visada por los representantes de la presidencia y de los ministerios en la región (intendente y seremis)[45], quienes supuestamente debieran tomar en consideración la opinión del gobierno regional y la municipalidad respectiva, cuestión que escasamente sucede, pues estos organismos ni siquiera tienen representación en los espacios de decisión.

En cuanto a las normas generales, estas no tienen posibilidad de modificación alguna desde los espacios regionales ni locales, los

45 Art. 86, Ley 19.300.

que no gozan de potestades para ello. Incluso en las normas que pueden ser más específicas a un territorio, como son las normas de calidad ambiental o los planes de descontaminación, ellas vienen decididas desde el Ministerio de Medio Ambiente por un Consejo de Ministros para la Sustentabilidad, que integran los ministros o ministras de Agricultura, Hacienda, de Salud, Economía, Energía, Obras Públicas, Vivienda y Urbanismo, Transportes y Telecomunicaciones, de Minería, Desarrollo Social y Medio Ambiente.

Solo las municipalidades han logrado tener cierta capacidad regulatoria, especialmente a través de las ordenanzas ambientales. Sin embargo, estos instrumentos son muy débiles, permiten multas máximas muy bajas y, en general, se ha resuelto en contra de aquellas ordenanzas que han intentado imponer estándares ambientales no considerados en la ley.

Pensar en una Constitución Ecológica en este sentido implica integrar una visión de democracia ambiental en la que existan procesos de deliberación –como veremos más adelante– y también organismos territoriales con capacidades suficientes de regulación, control y sanción.

A esto se ha referido ampliamente el teórico ecologista Murray Bookchin, para quien las entidades de gobierno deberían estar en una escala que denomina como "humana" y que permitan efectivamente la participación deliberativa. Esta escala menor de los espacios de toma de decisiones sería a la vez beneficiosa en términos de logística y de menores impactos ambientales en la provisión de bienes y servicios. Pero el principal beneficio sin dudas es el conocimiento y valoración del territorio que tienen las personas que habitan en él, cuestión esencial para la toma de decisiones que tiendan hacia una mayor protección del medio ambiente.[46]

Parece posible que la nueva Constitución integre al menos parcialmente esta idea, mediante dos mecanismos. El primero es entregar más poder a las regiones, para que por lo menos sean ellas las que decidan el ordenamiento territorial y establezcan sus planes de desarrollo, sin que ello deba ser mediado desde el poder central,

46 Bookchin, M. *Toward an Ecological Society.* Montreal, Black Rose Books, 1988.

y con niveles de autonomía que les permitan decidir efectivamente sobre la vocación que las regiones quieren tener y las maneras con que optan por desarrollarse.

Lo que imagino es que cada región pueda construir de manera deliberativa su propia planificación, partiendo por discusiones locales que escalen a discusiones municipales, de cuenca y luego regionales, y que terminen con una estrategia de desarrollo y un plan de ordenamiento territorial que integre esa deliberación con los elementos técnicos y jurídicos necesarios y se someta a un plebiscito regional.

Cuando me refiero a elementos técnicos necesarios, estoy pensando en cosas como la vocación ecológica de los territorios, los mapas de riesgos de desastres, la capacidad de carga de los bienes naturales, el estrés hídrico, la capacidad de recarga de los acuíferos y la existencia actual de contaminantes de cualquier tipo, entre otras cosas. Básicamente, la información técnica debiera establecer la línea de base del territorio y su capacidad, de manera de no sobrepasar sus límites naturales.

En cuanto a los elementos jurídicos, es del caso considerar que además del establecimiento de una potestad a nivel constitucional, probablemente, este tipo de poderes para los organismos regionales requeriría de una ley que establezca las condiciones y procedimientos para llevar a cabo la planificación. Así, por ejemplo, los modos de participación, los plazos, los encargados y, sobre todo, los límites para la prohibición o condicionamiento de ciertos tipos de industrias.

En este último sentido, me parece que las regiones deberían, por ejemplo, ser autónomas en decidir la prohibición o el incentivo para ciertos tipos de procesos industriales o industrias, pero debieran estar obligadas a tener una vocación de soberanía alimentaria e hídrica y asimismo establecer zonas aptas para el equipamiento que podríamos considerar necesario, como hospitales, colegios, cárceles, rellenos sanitarios y caminos.

Ahora bien, en cuanto a la prohibición o incentivo a las industrias, esto también requiere de una autorización legal expresa, pues los incentivos o desincentivos pueden encontrarse en colisión con las normas legales generales, y ello requiere de normas de solución y de límites para la expresión regional de autonomía, cuestión que tendría que contenerse en una ley.

El segundo mecanismo es precisamente el que da solución a esto, mediante las regulaciones locales. El uso y aprovechamiento de los bienes naturales debiera tener una normativa de carácter nacional que funcione como marco, pero que permita la creación de normas regionales o de cuenca, desde los gobiernos de dichos espacios territoriales. Esta segunda propuesta, además de la autorización constitucional, requiere de modificaciones legales.

La Ley de Bases Generales del Medio Ambiente, que es precisamente la que nos rige en la materia, establece una serie de instrumentos de gestión ambiental que podrían perfectamente ser utilizados por los gobiernos regionales o de cuenca, en lugar de como actualmente se hace desde el poder central del Estado. Con solo una modificación en ese sentido ya se podrían establecer estándares y condiciones diferenciadas por unidad territorial, dándole aún más sentido a la planificación del desarrollo local.

16. La mejor decisión es la que se delibera: Los derechos de acceso

Los derechos de acceso en materia ambiental son los de acceso a la información, participación ciudadana y acceso a la justicia. Podría referirme a este tema solo en el capítulo sobre derechos, pero me parece importante destacar cómo los derechos de acceso en particular se relacionan con el poder.

Mientras que todo derecho es un poder en sí mismo (por ejemplo, el poder de excluir a los demás del uso de un bien, el poder de exigir y recibir una atención de salud o el poder de impedir que el Estado decida sobre el cuerpo de una mujer y su maternidad), los derechos de acceso tienen características particulares en relación con el poder, especialmente cuando los miramos como una trenza de derechos que se expresa principalmente a través de la participación.

Acceso a la información. La participación ciudadana en materia ambiental comienza con la posibilidad de acceder a la información relevante con la que se tomarán las decisiones, cuestión que se manifiesta en el derecho de acceso a la información. En cuestiones ambientales, la información a la que todo ciudadano o ciudadana debiera poder acceder no es solo aquella que es producida por el Estado o se encuentra en su poder, sino que también a toda la que esté en manos de cualquier otra persona que tenga una relación con bienes comunes que les hayan sido entregados de alguna manera por la institucionalidad. Así, por ejemplo, quien posee derechos de aprovechamiento de aguas en un determinado lugar tiene, por eso, la información sobre las características de ese bien común que es esencial para la adecuada toma de decisiones.

Participación ciudadana. En seguida, la participación ciudadana en materia ambiental tiene un componente deliberativo, que es el más relevante, pues la idea de este tipo de participación es que se produzca una conversación horizontal entre la administración del Estado y las personas que participan de un proceso de definiciones ambientales, para arribar a las mejores decisiones posibles, en un marco de comprensión mutua.

En la teoría deliberativa, esas mejores decisiones son aquellas que están precedidas de esta conversación entre sujetos que se ven como iguales y en la que las decisiones que primarán son aquellas que apelan a la racionalidad compartida.

El filósofo y abogado argentino Carlos Santiago Nino, cuya obra ha tenido mucha influencia sobre el pensamiento latinoamericano en la materia, enfatiza que la deliberación está enraizada en una idea de colaboración como la mejor manera de llegar a arreglos institucionales, siendo que además esta colaboración permite a las personas llegar a ciertas comprensiones morales compartidas.[47] En este sentido, Nino releva la potencia moral que tiene la democracia, no siendo solamente un mecanismo para llegar a acuerdo

47 Nino, Carlos Santiago. *La constitución de la democracia deliberativa*. Ed. Gedisa, 1997, p. 104.

entre posiciones contrapuestas, sino uno que permite un diálogo que disuelva esa contraposición y llegue a resultados legítimos e imparciales.

Las ideas de Nino están muy emparentadas con las del filósofo alemán Jürgen Habermas, a quien se le sindica como uno de los mayores estudiosos de la deliberación y la comunicación. Su estudio tiene que ver con la existencia de un espacio común entre las personas que es la comunicación, la que tiene sus propias formas de existir y relacionarse con los sujetos, siendo que a la vez permite la relación entre sujetos.

Básicamente, lo que explica Habermas[48] es que si existe un lenguaje común y es posible que los sujetos entiendan lo mismo en un acto de comunicación y le otorguen validez, entonces la acción comunicativa es un espacio de colaboración y entendimiento mutuo. Y si ese espacio existe, entonces es posible para las personas ejercitarlo de manera que lleve a decisiones comunes.

Como vimos, la deliberación es posible cuando hay una racionalidad compartida, y eso es precisamente lo que quiere explicar Habermas cuando dice que en esa racionalidad compartida generalmente habrá discursos sobre cuestiones pragmáticas, ético-políticas y morales. Que sea una racionalidad compartida no quiere decir que quienes participen estén de acuerdo en esas dimensiones, sino solamente que son capaces de escuchar posiciones ajenas sobre estos temas y están abiertos a modificar posturas propias desde la comprensión del pensamiento del otro.

Así entonces, en discusiones ambientales habituales como, por ejemplo, si una medida de mitigación de un proyecto es suficiente o no podrían existir posturas que apelen a la necesidad de una medida mayor para proteger, efectivamente, la salud de la población vulnerable (discurso ético-político) y posiciones que se refieran a los costos de las medidas de mitigación propuestas, expresando que eso haría imposible desarrollar ese proyecto (discurso pragmático). En la visión de Habermas y de la deliberación, ambas posiciones

48 Habermas, Jürgen, et al. *Facticidad y validez: Sobre el derecho y el Estado democrático de derecho en términos de teoría del discurso.* Ed. Trotta, 1998, p. 222.

no son contrapuestas, sino que parte de una conversación que debiera permitir avanzar hacia el mejor resultado, ya sea medidas de mitigación más protectoras pero diferentes de las propuestas, o el no desarrollo del proyecto.

Esta participación deliberativa supone, por lo tanto, un poder distribuido entre quienes participan de las instancias, dada la posibilidad de diálogo con la institucionalidad. Pero, sobre todo, requiere entender que el poder no es la posibilidad de imponer mi posición o intereses al resto, sino una relación compleja, que, al decir del filósofo coreano-alemán Byung Chul Han, puede producirse perfectamente en libertad y sin ninguna represión.[49]

Mientras tanto, existe una visión preponderante del poder como algo negativo, precisamente por la opresión que conlleva su acumulación. Esta forma de comprender el poder, impositiva, tiene una visión de los otros como sujetos que serán materia de los designios de quien se encuentra en una posición de poder, y es una visión que el Derecho en general quiere controlar para evitar que cualquiera que se encuentre en esa posición pueda utilizarla de forma arbitraria, carente de razonabilidad o de consideración por los otros y las variables que ello implica.

Pero también es posible entender al poder como una fuerza que permite que se produzcan fenómenos. El poder es también creador y no solamente una fuente de prohibiciones y mandatos. Es precisamente por esta dimensión del poder que aceptamos vivir en sociedad y dotar de poder a estructuras tan complejas como el Estado, para que operen en búsqueda del bienestar común.

El poder se crea en las relaciones y esta comprensión positiva, sin dudas, funciona mejor cuando esas relaciones están en armonía. Mientras que Han hace un barrido por los autores más preponderantes en el estudio del poder, una idea propia que se repite es que un poder es más verdadero o más puro en la medida en que funciona como la voluntad real de los sujetos, y no como la imposición de un sujeto sobre otro.

49 Han, Byung-Chul. *Sobre el poder*, Ed. Herder, 2016.

Es más claro esto aun cuando Han se refiere al concepto de poder de la filósofa Hannah Arendt, el que también es seguido por Habermas. En este concepto,

> el poder surge siempre que los hombres se juntan y operan en común. Su legitimidad no se basa en las finalidades y los objetivos que un grupo se plantea en cada caso, sino que surge del origen del poder, que coincide con la fundamentación del grupo.[50]

A eso Habermas le agrega la idea de que el poder está en un espacio que no es posesión de nadie, sino que surge en la intermediación entre sujetos y solo existe en esa intermediación. Sin los sujetos, no hay poder.

Ahora, volvamos a la participación y la deliberación en materia ambiental. Entender que las decisiones deben tomarse en un espacio de deliberación implica precisamente hacer carne la idea de un poder distribuido y potenciar, por lo tanto, esta idea de poder que aparece como más creadora.

En cualquier caso, ese poder no opera en un marco de absoluta apertura, pues tanto los espacios en que se delibera como las posibilidades de los sujetos están enmarcadas en la ley, de manera que las posibilidades de movimiento de quienes participan está limitada por lo que la ley les permite o no hacer.

Dependiendo de lo que las reglas permitan, si el poder es visto como posibilidad de imposición, entonces, por ejemplo, el Estado podría por sí solo determinar la cantidad de arsénico que se permitirá en el agua potable, el inversionista podría determinar la ubicación de un proyecto que resulte molesto para la población circundante o una comunidad podría decidir rechazar la construcción de carreteras en su territorio.

En cambio, en una visión del poder como relacional y creador, las reglas deberían tender a impedir que cualquiera de esas soluciones sea impuesta por uno solo de los actores. La decisión

50 Arendt, Hanna. *Macht und Gewalt, Munich*, 1970, p. 54. Citado por Han, Byung-Chul. Op. cit., p. 126.

que se tome sobre cualquiera de las cosas que señalé como ejemplos debería pasar por un proceso de comunicación, que permita ejercer el poder colectivo de los actores en pos de la consecución de objetivos comunes en mayor armonía. De esos procesos, bien llevados, podría emanar mucho más poder creador, cuando de alguna forma se alinean las voluntades, en lugar de que se utilice la energía disponible en la represión de las contradicciones.

Acceso a la justicia. En este punto ya podemos enlazar con el tercer derecho de acceso, que es el de acceso a la justicia. Los tribunales deben velar por la correcta aplicación del derecho, y en materia ambiental esto no tiene que ver únicamente con el medio ambiente en sí mismo y sus elementos, sino que también con la correcta aplicación de estos derechos y, por lo tanto, la correcta distribución del poder.

El esquema de los procesos de toma de decisiones ambientales necesariamente va a hacer que se encuentren al menos tres partes: la administración del Estado, la o las industrias reguladas y las personas que se puedan ver afectadas. A estas partes y sus intereses, hay que agregar a los organismos de gobierno local, que a veces participan, y también a las generaciones futuras y a la naturaleza, que eventualmente pueden ser representadas por el Estado o por las personas. Cada una de esas tres partes tiene, antes del proceso, un poder, que además estará en un juego relativo con el poder de las demás. Ya sea un derecho de propiedad, el derecho a la salud o la potestad de otorgar actos administrativos, todos estos poderes tienen un contenido específico y una manera con los que interactúan. Los poderes, además, se encuentran y relacionan en un proceso y ello tiene reglas y espacios abiertos.

Uno de los roles del acceso a la justicia ambiental es la existencia de un tercero imparcial que vele porque estos procesos se cumplan, y los poderes, en su relación mutua, se equilibren en torno a lo que la ley haya decidido. De nuevo, no podemos creer que estos poderes se dan en un vacío, sino que están preconfigurados por la ley y la Constitución, de donde obtienen su contenido y sus características, sin perjuicio de que sea el juez quien deba efectivamente ir haciendo que se acomoden esas características.

Pero una de las funciones esenciales del Derecho, en su búsqueda de la justicia, es intentar encontrar puntos de equilibrio y, más aún, no permitir que se tomen decisiones arbitrarias. Muchas veces esos puntos de equilibrio son preconfigurados por la ley, o al menos se establece un espacio en el que el punto debería encontrarse. Pero en materia ambiental eso se vuelve mucho más complejo y la ley en general no lo hace, dejándole un radio de acción mucho más grande a la administración cuando toma la decisión.

Cada decisión de una norma de emisiones o de un plan de ordenamiento territorial o de la instalación de una industria resulta, entonces, una decisión sobre temas mucho más complejos, como la distribución de cargas y beneficios ambientales, el balance entre protección y explotación, y el nivel de riesgo aceptable para la población. Cada decisión va a significar un cambio en el territorio y posiblemente en las estructuras, funciones y ciclos de los ecosistemas, donde la administración tendrá que buscar ese punto de equilibrio balanceando las posiciones de industrias, personas y las suyas propias.

Dada la complejidad de lo anterior, la garantía mínima que debe ofrecerse es la revisión que pueda hacer un tercero imparcial, el tribunal, sobre la manera en que se logra o no ese equilibrio. No habiendo una respuesta que podamos considerar correcta, la labor del juez en esto será ver que la decisión esté en un ámbito de legalidad pura (que quien la tomó la pueda tomar) y también que esté en un ámbito de razonabilidad, cuestión que se observa a la luz de los antecedentes técnicos, de las normas jurídicas y del proceso de participación.

Los derechos de acceso tienen más dimensiones, que exploraremos en el capítulo referido, precisamente, a los derechos.

17. Por una defensoría de la naturaleza

La Constitución creará las instituciones públicas que tendrán que velar por las funciones que, como pueblo, les entreguemos a través de un mandato legal. Esto es parte de la efectiva creación de poder que produce una Constitución, y desde un comienzo las democracias constitucionales en Occidente han tenido muy en mente que esta creación de poder requiere de contrapesos, con el fin de que ese poder se mantenga limitado y dentro de los confines que le permitan cumplir con sus obligaciones, sin caer en la arbitrariedad ni en el abuso.

El ideal se cumple inicialmente con la separación de poderes. Las constituciones crean el poder y lo dividen entre los tres poderes tradicionales del Estado: Legislativo, Ejecutivo y Judicial. Estos, a la vez, son poderes creadores y contrapesos a los otros poderes, poniendo los límites para hacer más improbable el abuso.

Esta idea tradicional se explica generalmente desde la obra del pensador ilustrado francés Montesquieu y del político estadounidense James Madison, ambos de gran importancia en las revoluciones de 1789 y 1766 , pero también está presente incluso en la democracia de la Grecia clásica y en los modelos de gobierno de los romanos.

Lo más importante de esta idea es su sustrato. No es conveniente para las sociedades humanas que el poder se acumule en ningún sujeto o entidad, sin que existan contrapesos a ese poder, pues pareciera que parte de nuestra naturaleza es abusar del mismo y terminar intentando conseguir nuestros objetivos –por loables que parezcan– mediante la represión, opresión e incluso destrucción de otros.

Con eso en mente, los sistemas legales han ido produciendo diversos mecanismos de pesos y contrapesos, de poderes y límites. Pueden existir balances entre el poder centralizado y los poderes regionales, entre el Poder Legislativo, el Ejecutivo y el Judicial, y también dentro de cada uno de ellos existen balances internos e instituciones que buscan que el funcionamiento no sea abusivo.

Incluso las constituciones han evolucionado para contener otros organismos de control de temas especialmente sensibles, que funcionan al margen de los poderes tradicionales del Estado, aunque en relación de contrapeso con ellos. Entre dichos organismos encontramos a las contralorías, las cortes o tribunales constitucionales y los bancos centrales. En el primer caso, velando por la legalidad del uso del presupuesto y de la dictación de actos administrativos; en el segundo, por la constitucionalidad de las leyes, y en el último, por la estabilidad macroeconómica.

En las democracias occidentales, además, se han creado instituciones adicionales para llevar a cabo estas funciones de control, de contrapeso. Entre ellas, una que funciona en varias constituciones es la del defensor del pueblo, defensoría del pueblo u Ombudsman. Esta institución tiene como función principal defender los derechos de las personas cuando el uso del poder por parte de alguna institución del Estado resulta abusivo.

Suecia fue el primer país en tener esta institución, que luego se fue expandiendo por Europa durante el siglo XIX y por América en el siglo XX. Una excepción es el caso chileno, pues somos uno de los pocos países que no contamos con esta institución, aunque el Instituto Nacional de Derechos Humanos intenta emular algunas de las funciones de este tipo de organismos.

En ese escenario, la creación de una defensoría del pueblo en una nueva Constitución será simplemente ponernos al día, pero en esta actualización será muy relevante entender las funciones específicas que se le otorgarán a dicha institución, respecto de lo cual la protección de la naturaleza y las generaciones futuras parecen ser una de las que tendrían que entrar con fuerza en un mandato de la defensoría.

Por lo mismo, me parece que lo correcto sería hablar de la creación de una defensoría de la naturaleza, que tenga como roles la representación de la naturaleza cuando ella se vea afectada en sus estructuras, funciones, ciclos y elementos, así como la representación del derecho de las generaciones futuras de disfrutar de la naturaleza y sus beneficios.

La defensoría de la naturaleza podría constituirse como una división semiautónoma dentro de una defensoría del pueblo o como una institución aparte, pero es importante entender que las labores de una defensoría de la naturaleza no calzarán necesariamente de manera armónica con las que tradicionalmente se entregan a una defensoría del pueblo. Mientras esta última tiene que velar por los derechos fundamentales, y entre ellos por el derecho a un ambiente sano y ecológicamente equilibrado, una defensoría de la naturaleza no debería tener un mandato circunscrito a los derechos de las personas, sino que tendría que velar también por la naturaleza en sí misma, por su valor intrínseco.

El mandato de una defensoría de la naturaleza debiera estar en línea con la idea de proteger la integridad del territorio y de los ecosistemas, los equilibrios de la naturaleza, la justicia ambiental e intergeneracional y los derechos ambientales. Esta defensoría entonces, debiera convertirse en la guardiana de la Constitución Ecológica, velando por la estabilidad natural, así como los bancos centrales velan por la estabilidad macroeconómica.

Como sabemos, los actos que pueden ir en contra de este mandato son tanto públicos como privados y, por lo mismo, la autonomía que tendría que tener una institución como esta es esencial para poder efectivamente cumplir con su labor. Una defensoría de la naturaleza tendría que actuar a través de la representación, frente a organismos de control, de los actos públicos y privados que atenten contra los objetos de protección de su mandato.

La existencia de este organismo se justifica en primer lugar por la gran conflictividad ambiental que vivimos en Chile,[51] donde además dicha conflictividad suele enfrentar a personas y comunidades, con recursos escasos y poco margen de maniobra, contra el Estado y los privados titulares de proyectos que tienen muchas mejores condiciones para imponer sus opciones. Este efecto de asimetría de poder no se ha resuelto con la organización social y es imposible que se haga, pues la acumulación de poder en el Estado y en los grandes capitales es inmensa frente al poder que podrían alcanzar las personas organizadas en un territorio determinado, por ejemplo.

Ahora bien, habiendo planteado el tema de la separación de poderes, llegamos al segundo punto, que es la dispersión del interés. Mientras por una parte podríamos tener un interés relativamente concentrado (del Estado y también del titular de un proyecto o de

---

51 Disponible en: https://www.latercera.com/noticia/chile-los-cinco-paises-mas-conflictos-ambientales/.

un gremio en particular), por el otro lado tendremos un interés que es muy difuso, pues a todos y todas nos interesa (y necesitamos) la protección del medio ambiente, pero dadas las escalas de las afectaciones de cada decisión es difícil que estas ocurran de manera inmediata y directa. Peor aún, hay vidas que no pueden defenderse a sí mismas, como son las vidas no humanas y de los ecosistemas en sí mismos, además de las vidas de las generaciones futuras.

Esta dispersión del interés pone de relieve que, para que pueda generarse un resultado justo, debe existir quien defienda dicho interés. Esta necesidad es reconocida desde la antigua Roma, donde se nombraba un curador de los ausentes para que fueran defendidos. Al día de hoy, esa institución sigue existiendo en el derecho occidental y chileno, pero no se ha extendido a la protección de la naturaleza y las generaciones futuras.

Con todo, una defensoría de la naturaleza podría ayudarnos a superar dificultades sociales existentes y darle cuerpo a una Constitución Ecológica. Su creación debiera estar en línea con la incorporación de una defensoría del pueblo, pudiendo situarse dentro o fuera de ella, pero entendiendo las diferencias entre los roles de una y otra institución.

18. Agencias: Técnica, democracia y protección ambiental

Así como la defensoría de la naturaleza requiere ser un organismo autónomo del poder estatal, existen otras funciones del Estado en relación con el medio ambiente que se verían muy favorecidas por la autonomía y la profesionalización. Es el caso de la evaluación ambiental y de la fiscalización.

En la evaluación ambiental hoy interviene un organismo llamado Servicio de Evaluación Ambiental, que depende directamente del Ministerio de Medio Ambiente. Es este organismo el que tiene el control técnico de los proyectos que pueden generar impactos ambientales, el que se encuentra a cargo de la participación ciudadana en estos procesos y el que debe coordinar a todos los demás organismos del Estado que tienen facultades ambientales (por ejemplo, el Servicio Agrícola y Ganadero, la Dirección General de Aguas, la Corporación Nacional Forestal, entre otros.).

El rol de dicho organismo ha sido permanentemente puesto en duda, dado que se lo percibe como más cercano a la simplificación de los trámites para quienes presentan proyectos, que como protector del medio ambiente. Si bien esto no es completamente acertado y el organismo cuenta con funcionarios comprometidos con sus labores, lo que sí es notorio es que han existido diversos "asaltos políticos" para debilitarlo. El último y más notorio fue la creación de una oficina en el Ministerio de Economía, llamada Oficina de Gestión de Proyectos Sustentables, y que está destinada en la práctica a supervigilar y presionar al Servicio de Evaluación Ambiental y otros organismos, de manera de simplificar los trámites para los proyectos de inversión.

Algo similar sucede con la Superintendencia del Medio Ambiente, que es el organismo fiscalizador en la materia. La superintendencia no tiene los mismos problemas de desprestigio, y, sin perjuicio de que en el último tiempo sí ha sufrido algún nivel de intervención, su mayor dificultad está asociada a problemas en los tiempos de respuesta, los que en general han sido achacados a la falta de presupuesto para cumplir con sus labores, cuestión que también es una decisión política.

El modelo de agencias independientes podría prevenir este tipo de problemas, otorgando a organismos técnicos las facultades e independencia suficientes para cumplir con sus labores de manera autónoma respecto de los gobiernos de turno, cuestión que debería favorecer la certeza para todas las partes involucradas en los conflictos ambientales.

Lo que sucede con estos organismos es que sus mandatos en las leyes son claros y deberían cumplirse con prescindencia de las posiciones políticas que tengan quienes nos gobiernan. El componente técnico al que se aboca su actuar no debería verse influido por esas posiciones políticas, sino que predeterminado por la ley.

Esto no quiere decir que podamos ingenuamente creer que la técnica es neutra, pero sí que en una sociedad democrática la manera en que la política influye es en la forma en que la técnica será enfocada, por lo que tendría que estar determinada en una ley y no ser determinable con cada cambio de gobierno. Menos aún si para influir en el proceso de cumplimiento de las funciones administrativas los gobiernos utilizan técnicas de presión, como los despidos o las disminuciones de presupuesto, evidentemente perjudiciales para el cumplimiento de la función pública.

Lo mismo que digo acá de estos organismos ambientales podría ser dicho de varios otros en las distintas áreas. Desde los años 80 que el mundo avanzó hacia modelos en que el Estado es más estable en sus regulaciones y formas de decidir. Esa estabilidad está dada por la existencia de carreras funcionarias en que los funcionarios de la administración no son removidos por cada nuevo Presidente o Presidenta, así como por la existencia de estas agencias independientes cuyo funcionamiento tampoco depende directamente de la voluntad de quien dirige el país.

También la estabilidad está dada por la procedimentalización y posibilidad de revisión judicial de las decisiones de la administración del Estado. Las agencias independientes no toman decisiones puramente discrecionales, sino que están obligadas a seguir un procedimiento y basar sus decisiones en el componente técnico de su experticia, en su mandato legal y en la incorporación de una variable democrática que normalmente se produce mediante los procedimientos de participación ciudadana dentro de la toma de decisiones, ambientales o de otra área.

Así, por ejemplo, se ha venido empujando en el mundo el análisis de impacto regulatorio, que obliga a los organismos del Estado a pensar alternativas antes de regular o dejar de regular algo, analizar los costos y beneficios (no solo monetarios, sino que también cualitativos), escuchar a los interesados e interesadas, y tomar una decisión con suficiente base técnica, jurídica y democrática, la que podrá ser revisada y revocada por los tribunales de justicia en caso de incumplir con estos requisitos. Chile está muy lejos de eso y apenas se han implementado tibiamente algunos procedimientos de creación de regulaciones, sin obligaciones reales para los organismos.

Creo que se hace necesario que la Constitución consagre la posibilidad de creación de agencias independientes por ley, incluso quizás señalando algunas áreas prioritarias (entre estas la protección ambiental) para que ello suceda, pero sin que los organismos mismos queden en la Constitución, pues la organización del Estado en este nivel es algo que esencialmente debe estar abierto a los cambios legales.

V. Derechos ambientales

La existencia de derechos implica la existencia de deberes y de relaciones en las que cada una de las partes tiene el derecho a ser respetada y el deber de respetar a las otras. Algunos derechos se originan en la ley, otros en los contratos, y algunos provienen de un reconocimiento constitucional que generalmente está anclado en una comprensión universal sobre los mínimos que constituyen la línea de la dignidad para las personas.

Estos derechos, llamados comúnmente derechos fundamentales o derechos humanos, en su origen son una respuesta en contra de los procesos de acumulación de poder de los Estados, que derivaron en los peores abusos, incluso eliminando la noción de humanidad respecto de algunas personas, ya sea opositores del régimen o pertenecientes a una determinada religión o etnia. Los derechos humanos constituyen una barrera universalmente reconocida en contra de esos abusos, ya sea que provengan de Mussolini, Stalin, Jong-un o Pinochet.

Son el reconocimiento de una esfera individual, social o colectiva de autonomía frente a la acumulación de poder que significa el Estado, buscando impedir que el poder constituido lleve a cabo sus programas mediante la degradación de uno o más individuos, o de lo social o colectivo que es considerado como mínimo.

Estos mínimos son los que constituyen el elusivo concepto de la dignidad, que, si bien no es posible de establecer de una manera única y concreta, remite a la idea del reconocimiento del valor de los seres humanos por el solo hecho de serlos. Este es uno de los avances civilizatorios más importantes que hemos tenido. A pesar de que sigan existiendo personas que creen que la eliminación o degradación de otros es un medio válido para alcanzar un fin, la noción de que esa idea es intrínsecamente equivocada y éticamente incorrecta tiene su punto cúlmine en el reconocimiento de los derechos humanos. Una persona es un fin en sí mismo, no un medio.

Afortunadamente, además, lo que entendemos por dignidad humana y el contenido de los derechos humanos van variando en el tiempo. En un principio la referencia esencial era a que el Estado no puede eliminarnos, torturarnos ni esclavizarnos para cumplir con sus fines, así como tampoco puede impedir la libertad de expresión, circulación, reunión, pensamiento y religión; cuestiones que a los ojos del presente parecen muy básicas e insuficientes, pero que fueron base de este avance civilizatorio.

Con el correr de los años se fue ampliando esta noción de dignidad y los derechos asociados. Como miembros de un pueblo, ampliamos la visión de las cosas que podríamos hacer conjuntamente y de cómo la vida en comunidad podría efectivamente ayudarnos a superar las complejidades de la existencia. Así, mientras se complejizaba la vida social, avanzaban las tecnologías y cambiaban los modos de producción y consumo, nos reconocimos la posibilidad de participar de esta vida en común mediante los derechos sociales, estableciendo, entonces, la posibilidad de acceder a salud, vivienda, educación, alimentación y pensiones.

Finalmente, reconocimos derechos, como la autodeterminación, la identidad cultural y la paz, en el momento en que nos dimos cuenta de que la vida en común no requería de una homogeneidad en los modos de vida y de que esa homogeneidad generalmente también implicaba una imposición del poder.

Ninguno de estos derechos habría sido posible sin la resuelta convicción de miles de hombres y mujeres que se enfrentaron en su momento a los poderes establecidos para reclamar por su dignidad. Quienes tienen el poder generalmente no están abiertos a cambios que les hagan perder parte del mismo, y se resisten con todos los argumentos a su alcance, y muy comúnmente también con violencia.

Los derechos humanos vinculados al medio ambiente son, como todo el derecho ambiental, avances de la segunda mitad del siglo XX y que suponen una mejora considerable en las condiciones de dignidad de las personas y del colectivo. Son derechos que podemos pensar como derivados o conexos con el derecho a la vida y el derecho a la salud, siendo sin embargo que, si bien existen intersecciones entre estos derechos, los derechos ambientales tienen una configuración propia y diferente de la que se les da a esos derechos. A continuación se analizan aquellos que me parece son los mínimos para una Constitución Ecológica.

19. El derecho al medio ambiente sano y ecológicamente equilibrado

Si bien la preocupación ambiental, como una cuestión muy general, es posible de observar en muchos momentos a lo largo de la historia, no es sino en los años 1960 y 1970 que las ciencias sociales incorporaran la idea de medio ambiente como un sistema interconectado e interdependiente. Y recién luego de este reconocimiento el Derecho comenzó a cuestionarse sobre cómo podría darle cabida a la protección de este sistema.

Así es como, mientras el derecho internacional de principios del siglo XX incorporó algunos tratados para proteger especies y ecosistemas específicos, el punto de inflexión se produjo en 1972, cuando se lleva a cabo en Estocolmo la Conferencia sobre el Medio Ambiente Humano, que concluyó en una declaración que sintetiza la primera generación de principios del derecho ambiental, estableciendo cuestiones tan centrales como la justicia ambiental e intergeneracional y reconociendo el derecho al medio ambiente.

> Principio 1.- El hombre tiene el derecho fundamental a la libertad, la igualdad y el disfrute de condiciones de vida adecuadas en un medio de calidad tal que le permita llevar una vida digna y gozar de bienestar, y tiene la solemne obligación de proteger y mejorar el medio para las generaciones presentes y futuras. A este respecto, las políticas que promueven o perpetúan el *apartheid*, la segregación racial, la discriminación, la opresión colonial y otras formas de opresión y de dominación extranjera quedan condenadas y deben eliminarse.

Luego de este reconocimiento, las constituciones en el mundo empezaron a hacer lo propio. Primero fue Portugal en 1976, España en 1978, Irán y Perú en 1979, y Chile fue el quinto país en el mundo en reconocer este derecho, en la Constitución de 1980. Cada uno de estos países redactó el derecho de una manera diferente, pues a esa fecha no existía todavía ningún tratado internacional que lo reconociera, por lo que se buscaron fórmulas locales. La chilena, en ciertos sentidos poco afortunada, fue la que aún tenemos en el Art. 19 N° 8 de la Constitución, que asegura a todas las personas "el derecho a vivir en un medio ambiente libre de contaminación".

Es innegable que la protección ambiental en Chile ha aumentado desde el año 1980. Pero mientras ello tiene una multiplicidad de causas, es bastante difícil entender el rol que ha jugado la Constitución, y particularmente el derecho a vivir en un medio ambiente libre de contaminación, en este proceso. De la observación del devenir del derecho ambiental en estas décadas, diría que el Art. 19 Nº 8 fue un avance clave en su momento, y, si bien la Constitución de 1980 en su conjunto es poco amigable con el medio ambiente, sin dudas la inexistencia de este derecho habría dificultado aún más la protección ambiental.

Sin perjuicio de lo anterior, las discusiones que se suscitan en torno a su interpretación, su desconexión con el concierto internacional y la estrecha visión de la protección ambiental que contiene su articulado han generado dificultades a la hora de implementar el derecho a través de políticas públicas y, también, al momento de interpretarlo por parte de los tribunales. Ello no obsta que en los últimos años hemos avanzado en su comprensión, ampliando su rango de protección.

Entre los problemas más tradicionales están el hecho de que se interprete que solo hay una vulneración del derecho cuando hay un ambiente contaminado y, por lo tanto, existe un elemento específico y regulado que se encuentra en el ambiente, en contravención de dichas normas. Eso equivaldría, en un ejemplo extremo, a decir que destruir por completo una cuenca y dejar sin sustento de agua a la población no sería una vulneración del derecho, porque no hay elemento regulado con el que se esté "contaminando" el agua, sino que solo se destruyeron sus fuentes.

Otro problema tradicional de la noción actual del derecho dice relación con quienes pueden verse afectados, respecto de lo cual una visión restrictiva ha querido que solo puedan demandar protección quienes se vean directamente afectados, cuestión que olvida que cuando se afecta al medio ambiente también hay una afectación al patrimonio colectivo y a las generaciones futuras.

Al momento de redactar una nueva Constitución, se vuelve muy relevante dar con una conceptualización que, por una parte, supere los problemas que hemos tenido hasta el momento y, por otra, avance con urgencia en el sentido que se ha venido dibujando en este libro: cambiar la forma en que nos relacionamos con la naturaleza, de la que somos parte.

Por eso la propuesta es consagrar el derecho al medio ambiente sano y ecológicamente equilibrado.

La noción de "medio ambiente sano" es la nomenclatura que internacionalmente se utiliza para reconocer el derecho de las personas a poder desarrollar su vida en un medio ambiente con una calidad adecuada, que les provea de la salud suficiente para ello. Es la visión antropocéntrica del derecho al ambiente, pero que tiene la gracia de encontrarse ampliamente estudiada, debatida y acotada en el mundo, de forma que integrar esa conceptualización permite también conectarse con toda la discusión que ya se ha dado sobre el tema.

El derecho al ambiente sano es la manera como se reconoce este derecho en el Protocolo de San Salvador, en el Acuerdo de Escazú y también la forma como la Corte Interamericana de Derechos Humanos lo ha entendido. Entre las cosas más interesantes de esta comprensión está el hecho de que la Corte entiende que (i) es un derecho que proviene del derecho a la vida, que (ii) es un derecho tanto individual como colectivo, que incluye a las generaciones futuras, (iii) que está conectado con el derecho de acceso al agua y a la alimentación, (iv) que incorpora un deber de prevención general y de precaución para los Estados, y (v) que contiene a los derechos de acceso a la información, participación y acceso a la justicia.[52]

Esta conceptualización, por lo tanto, nos sacaría de las discusiones que tenemos sobre este derecho, dejando claro que su contenido tiene que ver con un estándar de vida que incorpora todos esos elementos.

Pero, además, este derecho también tiene una visión de protección del medio ambiente por su propio valor, al decir que tenemos derecho a que se mantenga el ambiente de manera "ecológicamente equilibrada". Esta segunda parte del derecho ya no hace una relación directa con las personas, sino que se refiere al propio medio ambiente y a sus ciclos, estructuras, procesos y funciones, las cuales tenemos derecho a defender y eventualmente a disfrutar.

El mandato del equilibrio ecológico avanza entonces en una línea más ecocéntrica, sacando también de este espacio la discusión sobre si es necesario que una o más personas se vean directamente afectadas en un preciso momento, para poder considerar que el derecho se ve afectado. Lo que protegería este derecho es a la propia naturaleza, ya sea por su valor de existencia o por su valor de uso futuro para las generaciones que vendrán.

Lo anterior sin perjuicio de que el concepto de equilibrio de la naturaleza es elusivo y discutible, puesto que ella se encuentra en permanente cambio y rebalance. A lo que refiere, principalmente, es a que ese equilibrio dinámico en el que se encuentra la naturaleza no sea alterado injustamente por las personas o el Estado.

La fórmula que se propone sobre este artículo se utiliza en un número importante de constituciones en el mundo, como Costa Rica, Francia, Brasil, Ecuador, Bolivia, Portugal, Perú, Paraguay, Egipto, Túnez y Venezuela.

52 Corte Interamericana de Derechos Humanos. Opinión Consultiva 23/17.

20. El derecho humano al agua

Un sinfín de textos sobre el agua comienzan recordándonos que es un vital elemento, pues requerimos de ella para sobrevivir, tanto por la necesidad de beberla como por la necesidad de saneamiento y de uso para cultivar nuestros alimentos. De la misma forma, el agua es esencial para el desarrollo económico, puesto que gran parte de los procesos productivos, ya sean sustentables o no, requieren del empleo de agua.

Y sin perjuicio de que repetir esos lugares comunes sea a ratos poco decoroso, la verdad es que se hace necesario por cuanto, aún en nuestros días y con la crisis climática y ecológica sobre nosotros, pareciera que no logran integrarse como parte de las variables esenciales para la toma de decisiones políticas, públicas o privadas. De hecho, hasta el año 2020 se sigue escuchando a personas en altos cargos decir que no debemos dejar que el agua se pierda en el mar, desconociendo cuestiones básicas del ciclo del agua, como que el hecho de que los ríos lleguen al mar permite que lleguen también los nutrientes que hacen que el borde costero tenga mayor biodiversidad y, por lo tanto, también mayores posibilidades productivas.

Quizás es por la mirada de eficiencia y producción de corto plazo, o porque no sabemos bien lo que significa vivir sin agua y que esta deje de salir por las cañerías secas que adornan nuestros hogares, mientras las plantas y animales de los que dependemos dejan de existir. Pero, para algunas personas, esta es la realidad.

En Chile viven cerca de 480.000 familias sin acceso al agua. La mayoría, corresponde a personas que viven en sectores rurales, que poseen terrenos que antes eran agrícolas y se abastecían de aguas superficiales o subterráneas que se encontraban a baja profundidad. En esos terrenos cultivaban sus alimentos y también realizaban actividades productivas de bajo impacto, las que les permitían generar una economía de subsistencia.

Contrariamente a lo que se piensa, la distribución geográfica de estas familias no está cargada solamente hacia el norte del país, que es la zona desértica. El fenómeno de pequeños agricultores que se quedan sin agua se da allí, pero también en la zona centro y centro sur del país, donde la agricultura sigue siendo una actividad económica principal, y en su mayoría en sectores que al día de hoy siguen siendo altamente productivos.[53]

Además, en estas 480.000 familias no se está contando a todas las que viven la situación antes descrita, sino que solo aquellas que, además de todo lo anterior, no tienen acceso al agua para la bebida y el saneamiento, siendo que la mayoría de ellas terminan siendo abastecidas de agua por medio de camiones aljibe, lo que constituye una solución costosa y poco sustentable.

Volvamos sobre el lugar más común de todos: el agua es un elemento vital. Esto quiere decir, ni más ni menos, que sin agua no podemos vivir (ni nosotros, ni casi ningún otro ser vivo en la Tierra), lo que significa que si tenemos un mínimo respeto por la vida y por el derecho a la vida, entonces, tendríamos que considerar que dentro de este derecho está el derecho de acceso al agua.

Este último derecho es, sin embargo, de reciente reconocimiento. Mientras durante largo tiempo no se consideró este derecho como un derecho autónomo, hoy en día es reconocido con dicha calidad tanto por organizaciones internacionales como por la propia Corte Suprema de Chile. Esto significa que el derecho en la práctica podría ser exigible, pero sin embargo la inexistencia de un estatuto especial que lo reconozca complejiza las posibilidades de las personas para hacerlo valer.

El derecho humano al agua y al saneamiento, de acuerdo con la resolución A/RES/64/292 de la Asamblea General de la ONU, aprobada por Chile, es el "derecho de todos a disponer de agua suficiente, salubre, aceptable, accesible y asequible para el uso personal y doméstico". Es una disposición bastante sencilla y autoevidente, en principio.

En el marco de una nueva Constitución y tomando en cuenta la importancia que ha tenido para Chile la problemática del agua, parece evidente que este reconocimiento debe hacerse. Pero, aún

53 *Diario Clever*. "Día Mundial del Agua en Chile: Más de un millón 400 [mil] personas no tienen acceso a agua potable o alcantarillado". (22/03/2020). Disponible en: https://www.diarioclever.cl/dia-mundial-del-agua-en-chile-mas-de-un-millon-400-personas-no-tienen-acceso-a-agua-potable-o-alcaltarillado/.

más importante, el reconocimiento del derecho humano al agua es una deuda que tenemos con los territorios que conforman el país, pues mientras la Constitución de 1980 y el Código de Aguas de 1981 pusieron el énfasis en las posibilidades de productividad y eficiencia en el uso del agua, con ello el acceso humano a ella no fue objeto de una especial preocupación, y el resultado es la crisis hídrica en la que estamos sumidos.

Si bien más adelante me referiré a la calidad del agua como bien común, me parece necesario acá puntualizar algunas cosas que son específicas de este bien natural y el sentido de justicia sobre su distribución. Lo primero es lo más evidente: la existencia del agua no es el producto de ninguna obra humana y, por lo tanto, difícilmente podríamos considerar que puede haber un derecho de alguna persona a apropiarse de ella por ser su creador. Siendo el agua un bien común, como veremos, nos corresponde a todas las personas un derecho sobre ella, que en principio es por igual.

Pero decir que en principio ese derecho es para todos y todas igual, parte de una visión más igualitarista que no necesariamente condice con la forma en que las instituciones han tratado el asunto, tomando otras variables para decidir la manera en que el agua se distribuirá. Actualmente, la institución que ha sido favorecida por la regulación es el mercado, bajo el supuesto de que en un mercado el agua terminará en las manos de quienes más la valoren y, por lo tanto, estén dispuestos a pagar más por ella.

Ese supuesto tiene una base que es también un supuesto: quienes más paguen por el agua deberían ser quienes pueden obtener mayores utilidades por el uso de ella, y si están obteniendo más utilidades quiere decir que para la sociedad es más valioso el uso del agua que hace ese sujeto en particular, que otros usos de agua. Si para la sociedad es más valioso ese uso de agua, entonces se maximiza el bienestar social cuando el agua se ocupa de esa manera, generándose un resultado que podría decirse es justo.

Ahora bien, esta lógica tiene varias dificultades. Desde su configuración interna, el primer problema es que el agua en un comienzo no fue asignada "al mejor postor", sino que a quien la pidió primero, cuestión que distorsiona todos los resultados posteriores y además supone un regalo de bienes comunes, que parece ilegítimo.

En seguida, vienen los múltiples problemas cuando analizamos esa lógica desde otras perspectivas. Entre las muchas perspectivas críticas, solo quiero recalcar en esta sección el hecho de que la valoración de un bien y su efectivo precio son cosas totalmente distintas, pues la capacidad de pago de las personas es distinta y hace imposible apreciar esa valoración en los precios del mercado. No tengo dudas de que las familias que no tienen acceso al agua y cuyos campos se han secado tienen una valoración de ella que es mucho mayor que la de quien usa esa agua para regar paltos, pero no pueden pagar por el bien. Esto, incluso desde una perspectiva utilitarista clásica, es un resultado no deseado, pues con la misma agua se podría satisfacer a muchas más personas de manera mucho más profunda y, por lo tanto, se lograría mayor bienestar social al satisfacerles su necesidad.

Sin embargo, el dueño de los campos de paltos es quien tiene la capacidad de pago para satisfacer su deseo, produciendo un resultado que ya no únicamente es injusto desde un punto de vista igualitarista, sino que también desde un punto de vista utilitarista y de mercado. Este último no tiene las herramientas para solucionar este problema y acá es donde me gustaría recalcar la mirada de Amartya Sen, filósofo indio y profesor de Harvard.

En el pensamiento de Sen sobre la justicia, se resalta el hecho de que en la búsqueda de la justicia es preferible no basarse en una mirada trascendentalista y absoluta, sino que en una visión que él llama comparativa, que tiene un componente práctico que es esencial. En el fondo, la observación de la justicia pasaría por mirar los resultados de las instituciones en el mundo real y no el supuesto sobre el que se sostienen. Este componente práctico es el que sustenta una visión de justicia material que muchas veces puede ser mal vista por quienes manifiestan ideologías más extremas, de todo o nada.

En el caso del agua, esas ideologías extremas llevaron a desarrollar un sistema de propiedad que es absolutamente insostenible en el tiempo, en el que se perpetúa una desigualdad que es insuperable y que además pone en riesgo la vida de territorios y personas.

Mientras, desde otro extremo, la idea de una estatización completa de las aguas también nubla la visión de algunos, que con mucha razón claman por justicia, pero que promueven una solución reaccionaria que no necesariamente tendría el efecto que se busca.

Hay un sinfín de arreglos institucionales posibles donde se puede asegurar el derecho humano al agua, la mantención de los ecosistemas y una distribución adecuada del agua para usos productivos, sin necesidad de que exista propiedad privada ni estatal. En efecto y como profundizaré en la sección de bienes comunes, el agua es esencialmente un bien común y eso la posiciona en una historia de arreglos institucionales de la cual se puede aprender mucho, para bien y para mal.

El enfoque de la justicia de Sen se basa en las capacidades y en la libertad, pero no en una libertad de elección vacía y mediada por una capacidad de pago que es excluyente de las mayorías, sino que una capacidad de alcanzar cosas que son valorables para los individuos, dadas las condiciones existentes. Es un enfoque de justicia marcadamente realista y concreto.

¿Es posible algún tipo de libertad sin agua? La pregunta parece absurda y lo es. Una persona que no tiene acceso al agua claramente no podrá ejercer su libertad, puesto que no contará con un medio mínimo para sobrevivir. Estará siendo privada, entonces, de la capacidad de florecer para lograr las cuestiones que son relevantes para ella. La propiedad sobre los derechos de agua hace más probable que esa situación se perpetúe, pues supone un cercamiento sobre este recurso básico, respecto de lo cual, además, los costos en general serán impagables para una persona común, y más aún para alguien que se ha empobrecido a propósito de esa falta de agua.

La consagración del derecho humano al agua supondría, entre otras cosas, que nuestra regulación de aguas debería establecer prioridades de uso que pongan el consumo humano de agua por sobre los consumos de tipo productivo, ya sean agrícolas o de otros tipos de industrias, superando así una de las grandes dificultades de la regulación actual, que es causa de numerosos conflictos socioambientales, de un aumento en las brechas de desigualdad y de los niveles de pobreza en los territorios.

En la discusión sobre los problemas que supone la ausencia de reconocimiento del derecho humano al agua en Chile, quienes defienden el sistema actual suelen argumentar que la cobertura de agua potable y saneamiento en los sectores urbanos es muy alta, llegando a casi el 97%. Esta cobertura no es posible de explicar solamente por los factores relacionados con la regulación de aguas, pues, por el contrario, la mayoría de las reglas relacionadas con la cobertura urbana de los servicios sanitarios están consideradas en leyes especiales sobre la materia, siendo que el agua misma, el "agua cruda", es tenida simplemente como un insumo para la producción del agua potable. Ni la privatización de las aguas ni la manera en que se gestionan ni administran parecen tener una influencia relevante en el éxito que se le atribuye al sector sanitario, que de hecho tuvo su propio proceso de privatización en los años 90, muy diferente al proceso del agua.

Es importante no confundir entonces la cobertura que las empresas sanitarias, en su mayoría privadas, pueden tener en las ciudades con el problema de acceso al agua que se vive particularmente en los territorios rurales. Las empresas sanitarias que prestan servicio en las ciudades son, a su vez, poseedoras de derechos de aprovechamiento de aguas y participan en el mercado, y también en la gestión del agua, con los mismos derechos y formas con los que podría participar cualquier otro actor privado, sin perjuicio de que por sus obligaciones como concesionario se encuentre en posición de tener que cumplirles tanto al Estado como a sus clientes o usuarios.

El derecho humano al agua, como vemos, no se trata solamente de que las personas tengan suficiente agua para subsistir, sino que también de darle al agua un tratamiento diferente, respecto de lo cual la propiedad privada no es aceptable. Veremos más sobre este último punto en la sección dedicada a los bienes comunes.

21. Los derechos de acceso

No solo gracias al derecho ambiental, pero con bastante ayuda de esta rama del Derecho, se han venido expandiendo los conceptos sobre los derechos de acceso a la información, participación ciudadana y acceso a la justicia. Como me referí en la sección sobre deliberación, estos derechos tienen por finalidad asegurar la participación de las personas en la toma de decisiones ambientales de manera deliberativa, además de ser parte integrante del derecho a vivir en un ambiente sano.

Los derechos de acceso en materia ambiental provienen del Principio 10 de la Declaración de Río, donde se señala lo siguiente:

> El mejor modo de tratar las cuestiones ambientales es con la participación de todos los ciudadanos interesados, en el nivel que corresponda. En el plano nacional, toda persona deberá tener acceso adecuado a la información sobre el medio ambiente de que dispongan las autoridades públicas, incluida la información sobre los materiales y las actividades que encierran peligro en sus comunidades, así como la oportunidad de participar en los procesos de adopción de decisiones. Los Estados deberán facilitar y fomentar la sensibilización y la participación de la población poniendo la información a disposición de todos. Deberá proporcionarse acceso efectivo a los procedimientos judiciales y administrativos, entre estos el resarcimiento de daños y los recursos pertinentes.[54]

Es fácil ver la potencia de la idea detrás del Principio 10, que es algo como decir que si queremos que las decisiones que se tomen sobre el medio ambiente sean legítimas, ellas deben conversarse con quienes tienen interés o pueden verse afectados y esas personas además deben tener posibilidades reales de participar, para lo que requieren, por una parte, de la información relevante y, por la otra, de la amenaza de poder acceder a la justicia en caso de que no se les respete. Digo que es fácil ver la potencia, porque se parece mucho a las ideas más básicas detrás de la democracia. No en vano a los derechos de acceso también se les ha llamado "democracia ambiental".

54 Naciones Unidas. *Declaración de Río sobre el Medio Ambiente y el Desarrollo*, "Principio 10", 1992.

Es por esta misma potencia que en los años posteriores a esa declaración de 1992 los derechos de acceso que allí se esbozaban comenzaron a fortalecerse y tomar una vida propia, que los llevaría a obtener la calidad de derechos. Primero fue en el ámbito europeo, donde la Convención de Aarhus (1998) los reconoció como tales y como bases para el desarrollo sostenible, para regularlos en mayor profundidad y detalle. Luego fue el Acuerdo de Escazú (2018) el que, reconociendo su vínculo con el derecho al ambiente sano, hizo lo propio a nivel latinoamericano.

Entremedio de ambos tratados, muchas legislaciones nacionales los reconocieron de una u otra manera siguiendo esta misma idea. Entre dichas legislaciones está la nuestra, en la cual el Principio 10 es reconocido como antecedente de la ley de bases del medio ambiente, y se establecen, por lo tanto, medidas especiales de acceso a la información, el derecho a la participación ciudadana y mecanismos de acceso a la justicia.

Lamentablemente ello no ha significado que estos derechos sean efectivamente respetados en los procedimientos ambientales en Chile. Ya sea porque las normas que obligan a su consideración son muy poco profundas, o porque para una parte de las autoridades políticas la participación es un "mero trámite" que les entorpece la toma de decisiones, la cuestión es que finalmente entre las personas existe más desesperanza respecto de que la participación pueda llevar a mejores resultados, que confianza en que la autoridad pueda tomarlas en consideración a la hora de decidir.

Esa desesperanza es alimento de muchos de los conflictos socioambientales que tenemos en Chile y lamentablemente no es para nada injustificada, sino que el fruto esperable de políticas públicas que han fingido interés por la participación, sin darle cabida real y creyendo que por el mero hecho de abrir una página web para los comentarios las decisiones pueden ganar legitimidad.

La consagración de los derechos de acceso en materia ambiental debiera considerar entonces un mínimo de estándares o valores asociados a ellos, los que sin dudas deben ser finalmente desarrollados a través de la legislación, pero que podrían tener una base en la nueva Constitución.

En el caso del acceso a la información ambiental, un primer punto importante es que el mínimo es poder acceder a toda información que esté en poder del Estado, por cualquier vía. En esta línea, la información relativa al estado del medio ambiente y sus elementos en general, sobre proyectos y regulaciones, sobre contaminantes que se emiten y su monitoreo y sobre proyecciones de los efectos de la crisis climática, los estudios respecto de cada territorio y por supuesto los actos administrativos, sus fundamentos y expedientes deberían ser accesibles.

Pero sobre ese mínimo se hace exigible que quienes tienen en su control bienes comunes (por concesiones u otros derechos sobre ellos) deban, también, mantener accesible dicha información. Así, por ejemplo, quienes poseen un derecho de aguas o un derecho sobre un yacimiento minero generarán una información que es del todo relevante para la toma de decisiones públicas y la participación ciudadana, información que además está directamente relacionada con bienes que son comunes, y, por lo tanto, debiera ser información pública.

La información ambiental debería encontrarse a disposición de los ciudadanos y ciudadanas de manera permanente, sin perjuicio de la posibilidad que cada uno tenga de pedirle al Estado cierta información específica. El Acuerdo de Escazú establece como estándares para la entrega de esta información el que sea abierta (sin necesidad de justificar las peticiones), expedita y accesible para personas en situaciones de vulnerabilidad, y para los diferentes grupos étnicos y pueblos indígenas. Además, dispone que las autoridades deben generar y difundir información de manera sistemática, oportuna, proactiva, regular, accesible y comprensible.

Adicionalmente, el Acuerdo de Escazú establece también como obligaciones de los Estados parte, en materia de acceso a la información ambiental, que exista un órgano independiente que revise la legalidad de las negativas del Estado a entregar información (en nuestro caso es el Consejo para la Transparencia) y el cumplimiento de ciertas obligaciones relacionadas con la evaluación de desempeño ambiental, y también que existan registros de contaminantes y la información a consumidores y usuarios sobre las cualidades ambientales de los productos.

Los estándares de Escazú son el último desarrollo internacional que se ha hecho en materia de acceso a la información ambiental, y por eso son un hito relevante de observar. No parece necesario que la Constitución contenga estos estándares por sí misma, sino más bien que haga una referencia a que los estándares mínimos de los derechos de acceso serán los últimos que se hayan acordado a nivel internacional y que se encuentren en línea con la protección del derecho a vivir en un ambiente sano.

Ello serviría también para incorporar los estándares en materia de participación y de acceso a la justicia. Respecto del derecho a la participación, el Acuerdo de Escazú establece cuestiones como que los plazos para participar deben ser razonables, los diferentes tipos de procedimientos en los que debería existir participación ciudadana (autorizaciones de proyectos, generación de regulaciones, planes, estrategias, normas y programas) y la obligación de que la autoridad deberá tomar en cuenta debidamente los resultados del proceso de participación.

Este tercer punto es el más complejo de abordar, pues "tomar en cuenta debidamente" es algo que ha quedado muy abierto a la interpretación de las autoridades, no solo en Escazú, sino que en general en la práctica del derecho ambiental. Como he propuesto en algunas investigaciones, creo que el estándar que el derecho ambiental busca posicionar para la participación ciudadana es un estándar de deliberación, como revisamos en el capítulo correspondiente.[55]

La debida consideración sería entonces que los resultados de la participación entren a las consideraciones que hace la autoridad, en un plano de igualdad con los demás sets de razones que debe tener en cuenta para poder tomar una decisión. En materia ambiental, estos serán al menos las razones técnicas, político-económicas y el mandato legal, todas las que consideradas de manera aislada

55 Costa Cordella, Ezio. *Participación ciudadana. Conceptos generales, deliberación y medio ambiente*. DER Ediciones, Santiago, 2020.

podrían llevar a resultados diferentes y que, por lo tanto, deben ser ponderadas por quien toma la decisión.

La autoridad, por lo tanto, debería tomar decisiones que estén en un punto de balance entre los diferentes sets de razones, y que debe ser un punto de balance dentro de los márgenes de lo que la ley le permite. La razonabilidad de esa decisión se logrará, entonces, cuando las justificaciones para llegar a una definición en particular hayan considerado los sets de razones en cuestión, y esté dentro de las posibilidades legales del tomador de decisiones.

Por dar un ejemplo, al autorizar un proyecto las comisiones de evaluación ambiental tienen un margen relativamente amplio de discrecionalidad para poder imponer medidas de mitigación, reparación y compensación. ¿Qué medidas deberían imponer en un caso concreto? Aquellas que resulten razonables tanto desde los resultados de la participación ciudadana, como las que resulten técnica y políticamente razonables. ¿Qué significa que sean razonables?

Imaginemos entonces que la participación se produce en el marco de la instalación de una central de generación de energía eólica, que ha cumplido con los mínimos que le exige la ley y se encuentra en estado de ser aprobada con condiciones por parte de la comisión de evaluación ambiental. La comisión se encuentra en posición de imponer medidas para resolver los impactos y externalidades negativas del proyecto (pues la ley así lo señala), y para hacerlo deberá considerar la participación, la realidad técnica y la realidad política. ¿Cómo será una toma de decisión adecuada?

Si desde un punto de vista político el país está apostando por la generación de energías renovables y especialmente la eólica, podrían existir programas de diversos ministerios que tengan tal objetivo como prioridad, así como una ley que les otorgue preferencia de uso de suelo por sobre otros usos industriales. Las razones detrás de esta priorización podrían estar vinculadas a su menor impacto ambiental y al potencial existente en el país, que asegurarían un acceso a la energía para todas las personas, a precios razonables.

Supongamos que la central de nuestro ejemplo cumple con los estándares técnicos de la evaluación, que utilizará una tecnología de generación con aspas e instalará 50 torres, estando las más cercanas a una distancia de 100 metros de la zona urbana de un poblado. Parte de las torres se instalarán en un terreno fiscal concesionado especialmente para el efecto y otra parte de ellas en un terreno colindante, más cercano al poblado. De acuerdo a lo proyectado, se cumple con la distancia legal mínima entre la central y el sector urbano, así como con la norma de ruido.

Por último, la participación ciudadana dio como resultado que quienes habitan en el sector están en contra del proyecto, y esto es principalmente porque hay un número significativo de personas preocupadas por los efectos del ruido en su salud, así como también por el efecto de sombra intermitente en el caso de las casas que se encuentran más cercanas a las torres. Algunas personas han, incluso, acompañado estudios científicos que prueban los impactos negativos significativos que tienen sobre la salud de las personas estos dos efectos del proyecto y una proyección que muestra que esos efectos se les provocarán a quienes habitan en las casas más cercanas al proyecto.

Ante este escenario, la autoridad puede tomar diversas decisiones que serían razonables, debiendo explicar cómo, desde los conceptos a su disposición, esas decisiones son razonables. Como dije antes, en casos como este la autoridad tiene un margen amplio de discrecionalidad, pudiendo tomar decisiones dentro de ese margen y debiendo para ello balancear estos conjuntos de razones, los que para el solo objetivo del ejemplo están simplificados en solo algunas variables.

Una posible decisión razonable por parte de la autoridad es aprobar el proyecto estableciendo como medida de mitigación que no se permite la construcción de las torres que se encuentran más cercanas al poblado, que son aquellas que generan el efecto de sombra intermitente y que además tienen un mayor impacto sonoro. Podría la autoridad, conjuntamente, ordenar que el titular del proyecto construya barreras acústicas que protejan del ruido a las personas en situaciones más vulnerables (por ejemplo, un liceo de la zona). Esa sería una decisión que intenta balancear el programa estatal de incentivo a estas centrales, el cumplimiento de la normativa técnica y las principales preocupaciones de los ciudadanos del sector, sin salirse del margen de acción que da la ley ni tampoco optando por soluciones arbitrarias o irracionales.

¿Y qué pasa si la autoridad simplemente autoriza la actividad, sin tomar para nada en cuenta que efectivamente habrá un impacto sobre la salud de las personas? Pues estaremos ante una de las hipótesis en que se hace necesario garantizar el acceso a la justicia en materia ambiental, que es nuestro tercer derecho de acceso.

Tener derecho de acceder a la justicia en materia ambiental significa poder acudir a un organismo imparcial para que resuelva los conflictos que se generan a propósito del uso y aprovechamiento de bienes naturales, de los impactos y daños ambientales, y del respeto de derechos fundamentales relacionados con el medio ambiente. Ese conflicto puede ser entre una persona o comunidad y la autoridad, o entre una comunidad y el titular de un proyecto, o entre este último y una autoridad.

Los estándares del Acuerdo de Escazú en esta materia nos dicen que al menos debería haber un organismo competente para resolver los conflictos, con procedimientos adecuados y mecanismos que faciliten el acceso a la justicia para las personas, entendiendo que en muchos de los conflictos que se producen las personas se encuentran en posición de proteger no únicamente intereses propios, sino que también intereses difusos de la colectividad completa, incluyendo a las generaciones futuras y a la naturaleza misma.

Justamente porque los intereses protegidos en juego en estos casos son intereses difusos es que la titularidad de los derechos debe ser también difusa. En ese sentido, algunos países, como es el caso de Colombia, han aplicado las denominadas acciones populares como mecanismos para proteger el derecho a un medio ambiente sano. Esto tiene gran importancia, pues muchas veces es realmente difícil determinar qué persona es la directamente afectada en un caso, a lo que se suma el hecho de que, por ejemplo, la contaminación ambiental vivida en la comuna de Quintero no solo afecta a los habitantes de esa localidad, sino que afecta a todo el país, e, incluso, a todo el mundo, pues esa contaminación genera gases de efecto invernadero que, a la larga, potencian el calentamiento global.

El reconocimiento de acciones populares, que amplíen la titularidad a cualquier ciudadano o ciudadana de la república que busque proteger un interés colectivo o un bien público, como es el caso del medio ambiente y sus elementos, parece ser un paso necesario para asegurar el acceso a la justicia ambiental.

Empero, en Chile, las acciones por excelencia para proteger estos intereses (el recurso de protección, la acción de daño ambiental y otras reclamaciones en general) tienen como principal requisito ser interpuestas por la persona directamente afectada, o con interés particular en el caso.

Junto con lo anterior, y como una de las principales barreras en el acceso a la justicia ambiental, se encuentra la dificultad de contar con especialistas técnicos y jurídicos para llevar adelante las causas en conjunto con las comunidades, pues en materia ambiental no existe el beneficio de asistencia judicial gratuita, lo que es un gran límite al acceso a la justicia. Y es en este punto donde podemos volver a pensar en la necesidad de una defensoría de la naturaleza que esté capacitada para tomar estas causas y llevarlas adelante de manera adecuada.

Las barreras de acceso a la justicia, sin embargo, no se agotan en eso. Los plazos en general son extremadamente cortos para las personas si quieren reclamar de un acto con consecuencias ambientales, y considerablemente largos a la hora de resolverlos o investigarlos; existe un creciente amedrentamiento y persecución a las/os defensores ambientales que no es tenido en cuenta por la autoridad; la carga de la prueba queda principalmente en manos de los demandantes, a pesar de que la información está en poder del Estado o las personas que han afectado o quieren afectar el medio ambiente; no hemos sido capaces de aprobar una ley de delitos ambientales a pesar de los compromisos de la autoridad; en muchos casos las personas y comunidades deben enfrentarse al mismo tiempo al Estado y las industrias en conjunto, entre otras.

VI. Pensar en la naturaleza

El pensamiento moderno, que ve al ser humano como una especie que, de alguna forma, se encuentra por sobre o por fuera de la naturaleza, es responsable de varios de los problemas ambientales que sufrimos hoy en día, pues está a la base de la construcción de los sistemas sociales con los cuales nos desenvolvemos.

Además, a propósito de la industrialización, la explosión demográfica y el aumento sostenido en la producción y el consumo, pasamos rápidamente de una posición en que veíamos lo salvaje y lo natural como algo amenazante y que debíamos dominar, a una en que la mayor cantidad de riesgos ambientales son producidos por nosotros mismos, siendo por lo tanto necesario en realidad dominar nuestra voracidad.

El mayor desafío, pero también el primero, para poder modificar esta trayectoria tiene que ver con reposicionarnos en la naturaleza y entender tres ideas sencillas pero de inmensas consecuencias: (i) Somos parte de la naturaleza, (ii) dependemos del adecuado funcionamiento de los ciclos naturales para subsistir, y (iii) la naturaleza es un sistema y todos sus elementos (incluido el ser humano) son interdependientes.

Ideas que son mejor expresadas por Chihuailaf:

> No podemos olvidar que los pasos cotidianos
> en el Valle de la vida
> tienen que ver con los pasos del viento
> pero también con los del más pequeño insecto
> Con la mirada del Cóndor en altos vuelos
> mas también con la oruga
> Con el grito de los ríos torrentosos
> pero también con el silencio de los lagos
> Con la prestancia del huemul
> mas también con la humildad del pudú

¿puede el bosque renegar del árbol solitario?
¿puede la piedra solitaria renegar de su cantera?[56]

Nuestro paso por el valle de la vida está condicionado por el viento, por el cóndor, por la oruga y el pudú, pues son todos los elementos y todas las especies las que crean las posibilidades de vida, al coexistir y relacionarse. Y también nosotros tenemos un papel en esa danza entre todos los elementos y especies, un papel que para mejor o peor se nos presenta como una opción, pues estamos dotados de capacidad de reflexión, conciencia y voluntad.

La poeta y filósofa mapuche Daniela Catrileo lo expresa al decir que "nacimos con el río herido/ nuestra mancha en el costado".[57] Ella muestra otra manera en que nos conectamos con nuestro entorno natural. No es solo a través de los procesos biológicos y por medio de nuestra microbiota, sino que además estamos conectados en nuestro existir simbólico, a través de nuestra historia personal, familiar y colectiva.

En el ejercicio de nuestras capacidades, la posición que tenemos en la naturaleza se vuelve una fuente de reflexión y análisis. Nos está vedada la comodidad de simplemente existir, desde el momento en que nos pusimos en situación de poder y control de la naturaleza, cuestión que hemos venido construyendo desde hace varios milenios y ha tenido su punto máximo en la sociedad industrial. Y se nos veda la posibilidad de inacción precisamente porque nuestra inacción significa, en este punto, comprometer seriamente nuestras posibilidades de vida y también las posibilidades de otras vidas diferentes de la humana, a las cuales de igual forma podemos reconocer un valor intrínseco.

Pensar por fuera de la naturaleza, como lo hemos estado haciendo, es ver el mundo natural como una colección de elementos que podemos usar a nuestro arbitrio y para nuestro mejor beneficio y comodidad de corto plazo. Esto implica, entre otras cosas, que en

56 Chihuailaf, Elicura. "Los pasos trascendentes, cotidianos". En: *Sueños de Luna Azul y otros cantos*. Fundación Pablo Neruda, 2018. p. 48.

57 Catrileo, Daniela. "Respiro hacia adentro olvidando las costillas". En: *Río herido*, Edícola, 2016, p. 36.

el ejercicio del derecho la mayoría de las regulaciones estén pensadas desde un determinado elemento y no se observe cómo las acciones que se toman respecto de ese elemento pueden repercutir en los demás, en los ecosistemas y en la vida humana.

Existe un derecho de aguas que se refiere principalmente a la manera en que explotamos y distribuimos el agua, así como a las obligaciones del Estado y a la manera en que se solucionan los problemas entre quienes tienen derechos. Tenemos leyes de pesca pensadas casi completamente en la explotación de los peces y su distribución, y cuestiones similares pasan con los bosques, los suelos y el borde costero. A pesar de que la mayoría de estas áreas del Derecho han venido incorporando variables ambientales en las últimas décadas, ellas se intentan insertar en normativas que están pensadas desde otro paradigma, por lo que a veces han tenido un efecto menor y otras simplemente han quedado como normas anecdóticas.

La gran dificultad se produce en que no hemos reconocido a la naturaleza, y nuestro derecho en términos generales es negligente a la hora de tomar en cuenta la variable espacial y sistémica, prefiriendo simplificaciones que si bien hacen más fluido el devenir de las decisiones y las cosas, van erosionando sus bases. Decisiones más rápidas pero que se convierten en conflictos sociales, y una rápida extracción y consumo que van rompiendo los ciclos de reproducción de los bienes naturales.

22. El valor intrínseco (o inherente) de la naturaleza

La modificación principal que requiere nuestro derecho en este sentido, y que debiera quedar plasmada en una nueva Constitución, es precisamente la de reconocer el valor intrínseco de la naturaleza, de los ecosistemas y de las vidas no humanas. Reconocer el valor intrínseco o inherente de algo o alguien implica reconocer que ese algo o alguien tiene un valor por sí mismo y que, por lo tanto, ese valor no está ni debe estar vinculado a apreciaciones como la utilidad o instrumentalidad, e incluso que su valor no es relacional.

Cuando pensamos en que algo o alguien tiene valor, nos preguntamos por qué, y eso es una reflexión razonable. La respuesta podemos encontrarla en diversos sets de pensamientos y entonces podemos responder desde la economía que algo es valioso porque es eficiente, o desde la estética que algo es valioso porque es bello, o desde el Derecho que algo es valioso porque es justo, etc. Vale decir que nos toparemos con los valores basales que mueven cada set de pensamientos. En las disciplinas del conocimiento, pero también en las religiones y en las ideologías, hay siempre un supuesto basal sobre el cual, si bien se lo discute, se constituye la línea argumental principal de valoración de las cosas.

Si queremos profundizar, nos podemos preguntar por qué algo bello, justo o eficiente es valioso, y generalmente ahí nos encontraremos con un mundo de reflexiones y debates sobre si efectivamente las cosas bellas, justas o eficientes son o no valiosas, y además con un debate aún mayor sobre qué es lo bello, qué es lo justo y qué es lo eficiente; también sobre qué es la verdad, la libertad, la fraternidad, la igualdad, lo bueno, entre otros. Una de las cosas que me parecen más maravillosas de estos debates, en la línea de pensar en la naturaleza, es que en casi todos los tipos de pensamientos podemos llegar a entender que para los valores basales de ese set la naturaleza debería estar puesta en un lugar donde se reconozca su valor.

No obstante, este no es el punto del valor intrínseco. Aunque la naturaleza sea bella y su protección sea fuente de libertad, igualdad y eficiencia, al momento en que le reconocemos un valor intrínseco nos ponemos en posición de reconocer que no juzgaremos el valor desde esas variables, sino que simplemente lo reconoceremos, al igual como hacemos con los seres humanos. Aun cuando un humano no sea justo ni verdadero ni bueno, le reconocemos un valor por sí mismo y nos comprometemos a valorar su dignidad.

La diferencia entre algo que tiene un valor intrínseco y algo que tiene un valor instrumental es que lo segundo puede ser considerado un medio para un fin, y lo primero es un fin en sí mismo.

Las personas somos fines en nosotros/as mismos/as, la naturaleza también lo es. Finalmente, el valor intrínseco es, como algunos filósofos reconocen, propiamente un concepto inalcanzable, simple o no analizable, lo que quiere decir que es el punto más lejano de análisis al que podemos llegar.

El reconocimiento de valor intrínseco es una base necesaria para la construcción de un sistema de derechos que tenga en cuenta a la naturaleza, pero no es suficiente para lograrlo. En la práctica, reconocerle un valor a algo o alguien quiere decir posicionarlo/a en la lista de consideraciones que haremos para tomar decisiones, pero al momento de tomar esas decisiones necesitamos otras reglas que nos permitan efectivamente pensar cuál es la mejor decisión que proteja los valores en cuestión.

El reconocimiento del valor intrínseco de la naturaleza debe, por lo tanto, ser convertido en instituciones jurídicas que pongan a ese valor en un nivel de correspondencia con otros valores sobre los que se funda el sistema jurídico-social, para que efectivamente sea considerado al momento de tomarse decisiones públicas, en todo orden de cosas.

Esto, porque todo el sistema del Derecho se construye, en parte, de esta forma. Reconocemos, por ejemplo, el valor de la democracia y, por lo tanto, reconocemos los derechos humanos a participar del gobierno, votar y ser elegido, reunirnos, pensar, discutir, opinar. También reconocemos el valor de la vida humana y por ende el derecho a la vida y a la integridad física y psíquica, así como reconocemos el valor de la libertad y por ello la posibilidad de desplazarnos libremente, no ser apresados injustamente y poder modificar domicilio.

A pesar de ello, siempre habrá áreas en que los valores se topan. A veces serán áreas en que los valores se encuentran y potencian, como por ejemplo podrían ser la libertad y la democracia, cuando hablamos sobre los derechos de reunión, conciencia y opinión. Otras veces serán áreas en que los valores entran en conflicto, y es por ello que se requiere de regulaciones más específicas.

¿Qué pasa si democráticamente nos reunimos y decidimos que se torture a una persona? Estaremos frente a un caso de colisión entre derechos (y valores), respecto de lo cual se deberá tomar una decisión. ¿Prima la voluntad democrática o la vida humana? ¿Y si en cambio lo que sucede es que, dado el derecho a reunión, opinión y protesta, un grupo de personas corta una calle e impide momentáneamente el libre tránsito de otras? ¿O si decidimos democráticamente que todas las personas que posean inmuebles de más de 140 m^2 deberán entregarlos gratuitamente al Estado?

El ordenamiento jurídico intenta prever estas situaciones mediante la Constitución, las leyes, los reglamentos, ordenanzas, instructivos, etcétera. Finalmente, muchos de estos conflictos pueden llegar a un juez, quien será el encargado definitivo de hacer dialogar esas normas y de tomar una decisión en un caso concreto, cuando los otros poderes no hayan sido capaces de llegar a un resultado para prever una solución del caso concreto.

Hoy, la naturaleza no está ni en el nivel de los valores reconocidos constitucionalmente, ni en el nivel de los derechos fundamentales, y si bien se reconoce un derecho humano al medio ambiente libre de contaminación, ello no implica una protección de la naturaleza por sí misma (valor intrínseco), sino que solo por su relación con los humanos (valor instrumental y relacional).

Reconocer el valor intrínseco de la naturaleza importa un cambio de paradigma significativo, pero además un desafío que seguramente nos demoraremos un tiempo en resolver y que permanecerá en tensión.

Las preguntas anteriores son muestra de ello. La solución jurídica en esos casos es más o menos clara: a pesar de que las mayorías lo quieran, el sistema jurídico occidental actual no tolera que de ello se siga la tortura a una persona o la requisa de bienes. Priman, en esos casos, la integridad física y la propiedad. En el otro caso, prima el derecho a la protesta por sobre la libertad ambulatoria, pero ninguna de estas soluciones es tranquila, pues el conflicto de valores existe y las personas detrás de esos conflictos también, de manera que la discusión de todas maneras se producirá. La función del Derecho, en estos casos, es contener y canalizar esos conflictos para que ellos se den por vías institucionales y pacíficas, y no mediante el uso de la violencia.

Así entonces, junto con el reconocimiento del valor intrínseco, una nueva Constitución debería incorporar instituciones que le den un punto de partida a la protección de ese valor.

23. Los derechos de la naturaleza

Una de las instituciones con que se puede concretizar la protección del valor inherente de la naturaleza es el reconocimiento de derechos de la naturaleza, cuestión que además se encuentra muy alineada con el pensamiento de los pueblos originarios de Chile, y que se enmarca en una innovación legal que ha ido ganando terreno en el mundo.

El reconocimiento de derechos a la naturaleza implica especialmente el establecimiento de deberes para las personas, como es evidente. Reconocerle a la naturaleza una calidad de sujeto de derechos y proteger esos derechos es evidentemente algo que tiene más que ver con nuestra manera de ver el mundo y no con la naturaleza misma. Se suele problematizar esta institución con caricaturas ridículas sobre la posibilidad de que "un árbol me demande" o que "una roca tenga más derechos que una persona". Claramente, ese no es el fin de la institución.

Los sujetos de derechos son entidades a las que reconocemos derechos y eventualmente la posibilidad de contraer obligaciones. El ser sujeto de derechos no es una cuestión exclusiva para los humanos, pues son también sujetos de derecho otras entidades que son "personas jurídicas", como las empresas, las organizaciones y el Estado. Tampoco es una cuestión exclusiva de personas que puedan contraer obligaciones, pues por ejemplo un niño menor o una persona con problemas psiquiátricos pueden no ser capaces de contraer obligaciones, pero ello no les quita su calidad de sujetos de derecho ni la obligación para los demás de respetar esos derechos.

El reconocimiento de la naturaleza como sujeto de derechos o de los derechos de la naturaleza ha tenido un avance en diferentes partes del mundo y ha sido promovido desde diferentes espacios, aunque aún se debate cómo hacerlo efectivo y cómo llevarlo al siguiente nivel.

La manifestación más clara de estos derechos es la que se encuentra en la Constitución de Ecuador, en la que se incorporan dos dimensiones de los derechos de la naturaleza. La primera, un reconocimiento de la Pacha Mama, declarando en el preámbulo que somos parte de la naturaleza y, por lo tanto, haciendo un reconocimiento a la visión de los pueblos originarios sobre la naturaleza. En seguida, en el Art. 71 se le reconocen los derechos "a que se respete integralmente su existencia y el mantenimiento y regeneración de sus ciclos vitales, estructura, funciones y procesos evolutivos", y el Art. 72 le reconoce el derecho a la restauración. Estos derechos pueden ser exigidos a la autoridad pública por parte de cualquier persona.

La literatura sobre el tema reconoce que para la discusión sobre derechos de la naturaleza se han utilizado justificaciones utilitaristas, esencialistas, animistas y políticas. Entre ellas, la que de manera más concreta aborda la necesidad de reconocer a la naturaleza como un sujeto es la visión animista, mientras que las otras fijan otras variables por las que el reconocimiento de derechos sería una institución valiosa.[58]

Si revisamos bien la formulación de estos derechos en la Constitución de Ecuador, podemos notar que vienen a constituir un estatuto más bien de obligaciones para todos y todas, que de derechos propiamente tales para la naturaleza. Es decir, si bien puede haber un reconocimiento de la naturaleza como un sujeto, el énfasis no está en eso, sino que en el respeto que debe tenerse para con ella.

Otro acercamiento al asunto es el que plantea Stone, para quien el reconocimiento de derechos de la naturaleza implica un reconocimiento de una posibilidad de tutoría por parte de personas, que podrían encontrarse incluso en una posición especial de garantes o protectores de la naturaleza, o de un ecosistema en particular.[59]

58 Como señala Campaña, hay diversas visiones que alimentan la idea de la naturaleza como sujeto. Campaña, Farith Simon. "Derechos de la naturaleza: ¿Innovación trascendental, retórica jurídica o proyecto político?". En: *Iuris dictio*, 2013, Vol. 13, N° 15.

59 Stone, Christopher D. "Should Trees Have Standing. Toward Legal Rights for Natural Objects". *S. CAl. l. Rev.*, 1972, Vol. 45, p. 450.

Este reconocimiento de ecosistemas, con comunidades puestas en posición de garantes de los mismos, es en parte lo que hace la Awa Tupua Act en Nueva Zelandia, que reconoce personalidad al río Whanganui y designa para su representación a un miembro de la tribu iwi y otro del gobierno. En este acercamiento, entonces, dichos ecosistemas ganan guardianes humanos, principalmente encargados de controlar la acción de otros humanos sobre ellos.

Por último, el acercamiento de los derechos bioculturales entrega a las comunidades un derecho a gestionar ciertos ecosistemas. Esto ha sido especialmente desarrollado en relación con pueblos originarios, teniendo en consideración los derechos de dichos ecosistemas en la visión de esos pueblos originarios. Es el caso, por ejemplo, de la sentencia de la Corte Constitucional Colombiana por el río Atrato.[60]

Por consiguiente, avanzar hacia una Constitución Ecológica en Chile, esto es la incorporación de derechos de la naturaleza, implicaría un cambio en la relación entre la sociedad y el medio ambiente, que podría avanzar hacia mayores niveles de equilibrio y, sobre todo, de protección de los distintos tipos de vidas, a través de un reconocimiento similar al de la Constitución ecuatoriana. Me parece que, además, la incorporación de una lógica de derechos bioculturales debería estar presente en el texto constitucional sin perjuicio de que su desarrollo posterior sea mediante la ley. Esto, principalmente, por un respeto a la visión de los pueblos originarios sobre la gestión de su territorio, entendiendo también que dicha gestión podría resultar en una mayor protección de la naturaleza, atendidos los derechos que se le reconocen.

Tomaré como mejor y más claro ejemplo la Constitución de Ecuador para desarrollar la idea que existe tras los derechos que se reconocen a la naturaleza.

Que la naturaleza tenga derecho "a que se respete su existencia, mantenimiento y regeneración de ciclos, estructuras, funciones y procesos evolutivos" implica reconocer la conexión entre

60 Bagni, Silvia. "Los derechos de la naturaleza en la jurisprudencia Colombiana e Indiana". En *Revista Jurídica Derecho*, 2018, Vol. 7, N° 9, pp. 33-53.

los diversos elementos que conforman a la naturaleza, además de especificar en qué consiste el "derecho a la vida e integridad" de la naturaleza. No es un derecho que se convierta en una prohibición absoluta de aprovechamiento de la naturaleza, sino que es el reconocimiento de un mínimo que deberá ser puesto en consideración a la hora de tomar decisiones, teniendo un peso en esas decisiones similar al que tendría un derecho fundamental, sin perjuicio de las especificidades normativas que luego deben adoptarse.

El mínimo en cuestión, como sucede con otros componentes del derecho ambiental, debería poder configurarse con una base científico-técnica y una base democrática que integre elementos de preferencia del pueblo en su conjunto, manifestados a través de la ley y elementos de valoración comunitaria y local que deberían ser posibles de integrar mediante participación ciudadana efectiva.

Como señala el constitucionalista ecuatoriano Ramiro Ávila, en su Constitución hay un reconocimiento de la naturaleza como un ser vivo y una ampliación del principio de igualdad, en el sentido de reconocerle a otros seres vivos una igualdad respecto de los humanos, que se traduce en este reconocimiento de derechos. Entre otras cosas, este reconocimiento vendría de la aplicación de algunos principios de la filosofía andina, que me parece necesario tenerlos a la vista.

El primer principio es de racionalidad, de acuerdo al cual un individuo es algo perdido si no lo podemos situar en una red de relaciones múltiples. Un segundo principio, de correspondencia, reconoce que las relaciones entre elementos, sujetos y entes es necesariamente bidireccional e importa una codependencia. En tercer lugar, se releva el principio de complementariedad, para entender que los objetos para definirse no requieren de un contrario, sino que de un complemento, superando la visión cartesiana del pensamiento occidental. Por último, el principio de reciprocidad define que cada acto forma parte de un orden universal, de tal manera que los actos requieren de reciprocidad para lograr convertirse en armonía.[61]

61 Ávila Santamaría, Ramiro. "El derecho de la naturaleza: Fundamentos". En: Alberto Acosta, Esperanza Martínez (organizadores). *La naturaleza con derechos: De la filosofía a la política*. Quito, Abya-Yala, 2011.

En la Constitución ecuatoriana se agrega, adicionalmente, un derecho a la restauración, que implica una obligación para la sociedad en su conjunto de establecer mecanismos para restaurar los espacios naturales, y, en consecuencia, devolver a la naturaleza una posibilidad de existencia que ha sido destruida o truncada en los siglos anteriores, y que, como hemos visto, nos tiene en un estado de las cosas que compromete nuestra continuidad.

24. Reconocimiento de los animales

Entre las especies que habitan la Tierra, reconocemos en los animales una cercanía mayor con la especie humana, que se manifiesta entre otras cosas en el hecho de que posean un sistema nervioso central, siendo capaces entre otras cosas de sentir lo que nosotros denominamos dolor y placer. En muchos animales, además, podemos reconocer una inteligencia racional que se acerca a la de los humanos.

Por estas consideraciones, entre otras, existe un movimiento global y creciente para la protección de los animales. Algunas versiones de ese movimiento consideran que el hecho de que los animales sean capaces de sentir dolor debería movernos hacia una relación con ellos en que no les provoquemos ese dolor y, por lo tanto, sea contraria al maltrato animal. Otras posiciones consideran que nuestra relación de explotación con ellos es éticamente reprochable y que entonces deberíamos abolir las manifestaciones de esa explotación (por ejemplo, la ganadería industrial), y hay posiciones que observan a los animales como seres que tienen un valor intrínseco, que nos debiera llevar a eliminar toda forma de aprovechamiento, incluso pasando a dietas vegetarianas o veganas.

Creo que no es difícil hacerse del conocimiento sobre el sufrimiento animal y considerar que claramente los animales no son "cosas". Es un ejercicio simple de empatía. Sin todavía tener que adscribir a ninguna de las visiones anteriores, sabemos que los animales están en una categoría diferente que los objetos, aunque no tengamos una solución culturalmente afianzada sobre qué significa eso y cuál es entonces la categoría en la que podemos englobar a los animales.

Una Constitución que promueva un cambio de relación con la naturaleza debería reconocer esta circunstancia especial de los animales, aunque no sea posible regular de inmediato qué significa este reconocimiento.

Expresar que, como sociedad, somos conscientes de que los animales son seres sintientes es ponernos una meta de elaborar políticas públicas que tomen esto en consideración. Puede eso producirse desde normas específicas que les reconozcan deberes de las personas para con los animales (como la ley de tenencia responsable de mascotas) o que prohíban ciertas acciones (como el delito de maltrato animal), pero también desde otras que no apunten directamente al bienestar de los animales, pero que deban tomarlo en cuenta.

Así, por ejemplo, el reconocimiento de los animales como seres sintientes debiera tener un efecto en las políticas públicas de alimentación saludable, que a propósito de esto deberían moverse hacia opciones que sean compatibles con dicho reconocimiento y con la discusión sobre su contenido, que se vaya desarrollando en los años y procesos políticos posteriores.

Pero si podemos ir más allá, me parece particularmente interesante la mirada de la filósofa Martha Nussbaum en la materia. El enfoque de Nussbaum proviene de una idea más general sobre las capacidades, por la que propone que los derechos, tanto de las personas como en este caso de los animales, tienen que considerar las posibilidades de cada quien y sus opciones de desarrollo, a las que llama florecimiento.[62]

En lo que se refiera a los animales, ella parte de una base similar a la de este acápite: los humanos al menos sentimos cierta simpatía, compasión o interés moral por los animales, y eso es posible de observar en tradiciones de pensamiento y religiones. La segunda base es una observación empírica: los animales son capaces de sentir dolor y experimentar placer, cuestión que se levanta en cualquier reflexión sobre la protección de los animales.

62 Nussbaum, Martha. *Las fronteras de la justicia*. Ed. Paidós, 2007, pp. 321 y siguientes.

No obstante, argumenta que debiéramos movernos más allá y promover que las múltiples interacciones que tenemos con seres de otras especies estén mediadas por un sentido de justicia. Para ello, añade la idea de cooperación social, y esta idea, entre otros fines, promueve que vivamos juntos y de manera digna, cuestión que podría extenderse a otras especies no humanas. Humanos y no humanos intentamos florecer o desarrollarnos.

A grandes rasgos, el planteamiento de Nussbaum en este contexto es que los animales (especialmente los sensibles) tendrían derecho a vivir, a tener una salud e integridad física adecuada y a desarrollarse de una manera compatible con su contexto de florecimiento, cuestión que implica tener posibilidades de apego con su especie, correlación con su hábitat y, en general, experimentar una vida que les permita florecer.

Esto nos lleva al último punto de esta sección, que es la objeción que generalmente levantan algunos frente a la idea de reconocimiento de los animales, incluidos algunos ambientalistas. Se preguntan cómo podemos estar preocupados de los individuos de una especie, si eventualmente ellos podrían causar desequilibrios en los ecosistemas que afecten a muchos otros individuos y especies, cuestión relevante en el caso de las especies introducidas o invasoras.

El ejemplo más común que se ocupa cuando se discute este problema es el de los perros asilvestrados, que son perros originalmente domésticos que fueron abandonados en lugares naturales y formaron jaurías que se comportan de manera silvestre, alimentándose de la fauna nativa (y el ganado) a través de la caza. Frente a ellos se levanta la pregunta de si, siendo seres sintientes y teniendo un reconocimiento o derechos, se debiera dejarlos actuar sin poder detenerlos o, en su caso, darles caza.

La pregunta es atingente, y no solo eso, pues nos obliga a ponernos frente a una reflexión que no es exclusiva de esta institución, sino que de todos los derechos y principios reconocidos por una Constitución, los que en muchos casos se pueden encontrar en conflicto, siendo que en algunos casos existen soluciones que acomodan los varios derechos y principios, y en otras ocasiones esas soluciones no existen y nos enfrentamos a escenarios propiamente trágicos.

No es únicamente el reconocimiento de los animales, sino que todos los derechos y principios pueden entrar en conflicto. Esto es lo normal para las instituciones jurídicas y nuestro deber colectivo es resolver esos conflictos de la manera menos lesiva posible. En el caso más extremo, podemos recordar que la legítima defensa permite dar muerte a otra persona cuando ella amenaza mi vida, lo que nos demuestra que ningún derecho es realmente absoluto. Pero, para que la muerte de otro sea legítima, la amenaza debe ser muy real, de modo que su eliminación sea una medida proporcional a la amenaza. Si bien nada es absoluto, las excepciones deben ser muy estrictas y bien justificadas.

La solución que el derecho ha planteado para estos conflictos es la ponderación de derechos, y esta significa que quien está puesta/o en posición de resolver debe hacer un ejercicio reflexivo, con el que, tomando en cuenta los intereses en juego, llegue al mejor resultado posible. Muchas de esas reflexiones las llevamos a cabo colectivamente y terminan plasmadas en las leyes –acordadas democráticamente– que marcarán el actuar de las personas en posición de tomar decisiones. Con todo, si bien la Constitución puede recoger posiciones y discusiones morales, es importante recordar acá que es una norma jurídica, y que lo que hará será poner elementos para la toma de decisiones públicas que se basen en la ley, y no en la moral.

Veamos cómo funcionaría esto en el caso de los perros asilvestrados y suponiendo que estamos ante una Constitución Ecológica que recoge la idea de que los animales son seres sintientes, pero aún no se desarrollan leyes al respecto. El conflicto que enfrentamos es la de una jauría de perros asilvestrados que ha dado muerte a algunos pudúes (una especie de ciervo pequeño, endémico de Chile) en un área silvestre y se debe tomar una decisión sobre cómo actuar.

¿Qué se deberá ponderar en el caso? Por el lado de los perros, está el reconocimiento de que son seres sintientes y todo lo que ello implica. Por el otro lado, el mismo reconocimiento afecta a los pudúes y otras especies que hayan sido dañadas o puedan serlo, siendo que además podría estar en juego el equilibrio ecosistémico y, eventualmente, la integridad física de las personas que habitan el sector.

La solución evidente es que es necesario eliminar de la ecuación a la jauría de perros. Pero ello no tiene por qué llevarnos de inmediato a que esa eliminación debe ser violenta, dándoles muerte mediante la caza. Si existen otros medios menos lesivos que cumplan el mismo objetivo, deben ser preferidos antes que la muerte violenta. Los perros podrían, por ejemplo, ser atrapados o confinados a un área en particular donde no causen los daños que se les imputan, en los casos en que esto sea técnicamente posible.

25. Los bienes comunes

Al mirar la naturaleza como una colección de objetos puestos a nuestra disposición, se hace posible la pregunta sobre quién o quiénes tienen una preferencia para utilizar esos objetos, y con qué fines. Mientras en un estado de competencia salvaje ello podría resolverse mediante el uso de la fuerza, teóricamente en una sociedad constituida y con reglas jurídicas no es esa la situación, sino que existen formas de determinar quién o quiénes tienen un acceso preferente a qué bienes. Me refiero acá particularmente a los bienes naturales y no a los productos humanos, que tienen lógicas y bases diferentes.

Sin querer desconocer la amplia discusión filosófica y teórica sobre las justificaciones de la propiedad, dado el alcance de este libro, me posicionaré desde las instituciones existentes y de mayor difusión y discusión actual. Desde este punto de vista, la pregunta ha avanzado en los últimos 2.000 años de civilización occidental, en términos de reconocer tres estatutos jurídicos típicos a estos bienes: la propiedad pública (estatal), la propiedad privada y la propiedad comunitaria o de bienes comunes.

Con mucha mayor intensidad en el último par de siglos, las ideas de propiedad privada y propiedad pública se han impuesto por sobre los bienes comunes, empujadas por las ideologías que disputaron la hegemonía durante el siglo XX. Pero crecientemente hemos vuelto a preocuparnos por los bienes comunes, pues son una solución institucional que ofrece muchas ventajas frente a las otras dos.[63]

Aunque el interés por los bienes comunes revivió a finales del siglo XX y principios del siglo XXI, la reflexión en torno a ellos es muy previa. Ya en el derecho romano encontramos un reconocimiento de lo que llamaban *res communes omnium*, que correspondía a bienes que la naturaleza ha hecho comunes a todos los hombres (personas), que eran diferentes de aquellas cosas que se consignaban como públicas o estatales. Existen incluso antecedentes de autores que consideraban estas cosas como comunes a todas las criaturas vivas, y no solamente a los humanos.[64]

Las cosas que se consideraban comunes en la época romana eran principalmente el mar, las costas, el agua corriente, las riberas de ríos y lagos, los animales salvajes y el aire.

En el medioevo la discusión sobre los bienes comunes tuvo diferentes avances. Por una parte, empezaron a ser privatizados o publificados (hacer públicos) por quienes se encontraban en posiciones de poder, y, por la otra, muchos bienes mantuvieron su categoría de comunes, en la medida en que las ciudades y comunidades protegieron su calidad de tales frente a los intentos de centralización por parte de reyes y señores.

Un caso particularmente llamativo es el de Inglaterra en el siglo XIII, pues la defensa de los bienes comunes fue parte de la creación del primer antecedente de las constituciones modernas, cuando los nobles ingleses se enfrentaron al rey Juan I por sus políticas abusivas.

---

63 Actualmente existe incluso una asociación internacional para el estudio de los bienes comunes (International Association for the Study of the Commons), en cuya página web es posible encontrar mucha información de alto interés en la materia.

64 Entre otros trabajos, son un aporte en la comprensión de la materia los de Míguez, Rodrigo. "De las cosas comunes a todos los hombres. Notas para un debate". *Revista Chilena de Derecho*, Vol. 41, N° 1, Chile, 2014. p. 13. Y Terrazas, Juan David. "El concepto de «Res» en los juristas romanos, II: Las «Res Communes Omnium»". *Revista de Estudios Histórico-Jurídicos*, N° 34, Valparaíso, Chile, 2012, p. 143.

El enfrentamiento político y bélico dio lugar a una carta de garantías para los nobles ingleses, conocida como la Carta Magna, que contenía compromisos como no cobrar impuestos ni intereses abusivos, respetar la propiedad de los nobles y el derecho a un juicio justo, entre otros. El gran valor histórico de la Carta Magna está asociado al hecho de ser un instrumento que podemos considerar basal de las constituciones actuales, precisamente por haber fijado límites al poder.

Menos conocida y difundida es la historia de la Carta de los Bosques (Charter of Forest o Carta Foresta), que es parte de los documentos que conforman la Carta Magna y que fue firmada por el rey inglés Guillermo el Conquistador. Dicha carta y las demás que conforman la Carta Magna terminarían por constituir una unidad documental que tuvo publicaciones y modificaciones entre 1215 y 1225.

En la Inglaterra del siglo XIII los bosques eran bienes comunes y, por lo tanto, todas las personas podían recoger frutos y hierbas en ellos, cazar, recoger leña, utilizar sus pastos para alimentar al ganado, pescar en sus ríos y usar sus aguas. Estos derechos eran para nobles y personas comunes, siendo muy importantes especialmente para la subsistencia de estos últimos. Rompiendo esa lógica, la corona se había apropiado de los bosques para su aprovechamiento exclusivo (extendiendo los terrenos denominados "bosques reales"), eliminando el uso comunitario que hasta ese momento tenían dichos bosques, potenciando el conflicto social mediante este proceso de cercamiento.

La Carta de los Bosques[65] devolvió el carácter de bien común a gran parte de los bosques que habían sido cercados y garantizó derechos de pasturaje, caza, recolección de leña, miel y agua, entre otros. Esto no quiere decir que haya dejado completamente abierta la explotación de los bosques, pues existían normas sobre cómo aprovechar este uso y qué tipo de aprovechamiento estaban prohibidos. Se establecieron, por lo mismo, procedimientos para los juicios por violación a las leyes de bosques. Algunos bosques

65 El texto completo de la Carta de los Bosques puede ser leído en https://www.nationalarchives.gov.uk/education/resources/magna-carta/charter-forest-1225-westminster/.

que tenían dueños fueron regulados de tal manera que se pudiera intervenir libremente en ellos para construir molinos, diques y otras obras, siempre que su uso no provocara daño a los vecinos.

La misma lógica que se defendía en Inglaterra era todavía la más común en el mundo europeo. Hacia la Edad Media, esta expresión de los bienes comunes encontró consagración directa en la tradición hispana en el código legal por excelencia de esa época: las Siete Partidas. Así, se reconoció en España una categoría de cosas comunales, cuyo tratamiento se correspondía al de los bienes de usos colectivos de la tradición romana heredada.[66]

Mientras tanto, en América Latina, la visión de los pueblos originarios sobre los bienes naturales también seguía una lógica de bienes comunes, permitiéndose a cualquiera satisfacer sus necesidades mediante la utilización de estos bienes, no sin que ello tuviera una regulación específica, pero sí sin la existencia de reglas estrictas de propiedad que cercaran dichos bienes. Así por ejemplo, para los pueblos andinos, la sola pertenencia a un ayllu (grupo familiar) significaba un derecho a trabajar u aprovechar la tierra y las aguas de la comunidad, cuestión que subsiste en algunos modos de vida comunitarios en el norte de Chile y en los países vecinos.

No es raro entonces que en el proceso de la conquista de América por parte de los españoles las leyes indianas, de alguna manera, hayan integrado esta lógica que era común tanto a los pueblos conquistados como a los invasores. De esa forma, y como recuerda el profesor chileno de la Universidad de Roma Rodrigo Míguez, "una real provisión de 1541 decretó para la provincia del Perú comunes las aguas, los montes y los pastos, permitiendo a cualquier persona llevar allí su ganado", y dicha disposición fue luego incluida en el principal cuerpo legal de América Latina en dicha época: La Recopilación de Leyes de los Reinos de Indias.

Pero esta lógica común se comenzaría a erosionar de manera progresiva desde el comienzo de la modernidad, y con mayor velocidad y fuerza durante el siglo XX, cuando la mayoría de los bienes que eran considerados comunes se asignan en propiedad

66 Míguez, Rodrigo. Op. cit., p. 16.

pública o privada. Aunque los que se asignan en propiedad pública podrían de alguna manera mirarse como una especie de comunes, la verdad es que, tanto en su uso estatal como en su uso concesionado, no responden a lo que podemos pensar como principios de los bienes comunes.

El derecho en este tiempo también empieza a mirar con desconfianza a los bienes comunes, regulando de manera muy acuciosa los tipos de propiedad y, de alguna forma, repeliendo la idea de comunidad, reconociéndola como institución pero buscando facilitar su disolución.

Ello no obsta a que se mantenga en cierto sentido la tradición romana de los bienes comunes, los que el Código Civil de Andrés Bello (y luego la Constitución de 1980) reconoce como "bienes nacionales de uso público". A pesar de no ser una institución exactamente igual, pues sigue dejando el control en manos del Estado, es la que más se acerca a la originaria en nuestro derecho actual.

Tanto el Código Civil como la Constitución de 1980 le atribuyen esa calidad a las cosas que "la naturaleza ha hecho comunes a todos los hombres", entre las que se incluyen el alta mar, el aire y el agua.[67]

El descrédito de los bienes comunes creció con la popularización de una teoría académica del biólogo Gareth Hardin, quien describe "la tragedia de los bienes comunes" como aquel fenómeno que se produce por la sobreexplotación de esos bienes cuando no están regulados. La lógica de Hardin es que si un bien común tiene un acceso completamente abierto, entonces, la racionalidad económica de quienes pueden usarlo los llevará a intentar aprovecharlo al máximo, en desmedro de los demás, y si todos hacen eso el bien común terminará destruyéndose o no pudiendo reproducir sus ciclos.

El problema que quería abordar Hardin era el de la sobrepoblación y no se jugó por una solución en particular, sino

67 El agua es reconocida como bien nacional de uso público en el Código de Aguas de 1981, sin perjuicio de que, como vimos anteriormente, ello pierde mucha fuerza ante la instauración de la propiedad sobre los derechos de aprovechamiento, así como también frente a las características de los propios derechos de aprovechamiento, que, si bien son concesiones administrativas, se dotan de perpetuidad y uso incondicionado.

que describió las que en su época (1968) eran las soluciones hegemónicas: dividir para generar propiedad privada o poner un organismo centralizado de control. Luego, sus múltiples intérpretes y tributarios han usado esta teoría del biólogo estadounidense para plantear que la propiedad privada es la única solución a esta tragedia y que es una institución preferible por ese solo hecho.

Procesos políticos aparte, hacia finales del siglo XX desde la academia se rebaten de manera más certera las visiones de Hardin, gracias a la antropóloga y Premio Nobel de Economía Elinor Ostrom y particularmente a su libro "El gobierno de los bienes comunes".

Ostrom, convencida de que el desarrollo de las sociedades humanas ha tenido una base muy fuerte en la existencia de bienes comunes, estudió la evolución de esta institución y su sobrevivencia hasta nuestros tiempos, encontrando múltiples ejemplos de organización comunitaria en torno a bienes comunes que han logrado sobrevivir al proceso de cercamiento de la modernidad, y que sugiere que los arreglos de este tipo no son conducentes a la supuesta tragedia descrita por Hardin y adornada por sus intérpretes.

Ahora bien, resulta evidente que la simple extrapolación de las instituciones de otras épocas a la época actual no es una receta adecuada, puesto que debe observarse la multiplicidad de variables que se han modificado en el tiempo transcurrido (ambientales, demográficas, culturales, tecnológicas, etc.), pero ello, además, tampoco significa descartarlas sin más. En efecto, cuando estamos hablando de instituciones que han durado varios siglos de cambios, es probable que tengamos cosas que aprender de ellas.

En la creación de una Constitución Ecológica, me parece muy relevante reconocer la calidad de comunes de ciertos bienes y plantearnos cómo es que ese reconocimiento puede conducir a instituciones que sean más respetuosas de la naturaleza y tiendan a puntos de equilibrio más estables. Me refiero en particular a bienes naturales y no a otros bienes que también podrían considerarse comunes (como el conocimiento), dado el enfoque de este libro.

Sobre las características de los bienes comunes, la primera y más evidente diferencia entre ellos y la propiedad pública y privada es el hecho de que no existe propiedad sobre ellos. Lo anterior quiere decir que nadie (ni si quiera el colectivo actual) puede constituir una exclusividad sobre ellos ni a favor propio ni a favor de terceros. Así, se diferencian claramente de los bienes que son de propiedad pública, en cuanto no pueden ser cedidos por el Estado a un tercero. Lo anterior tiene relación con que en el reconocimiento de los bienes comunes hay un componente intergeneracional muy relevante. Esos bienes no son de la generación actual, como no fueron de la generación anterior[68] ni serán de la siguiente.

Esta característica incorpora de manera inherente el respeto por los ciclos, estructuras y procesos de los ecosistemas, puesto que la necesaria mantención de dichos bienes comunes en el tiempo es solo posible en la medida en que se respetan los referidos atributos y que se reparan en caso de daño. Así, la lógica de los bienes comunes dialoga muy bien con los derechos de la naturaleza, antes explicados.

La segunda característica esencial de los bienes comunes es que existe un derecho preferente de todas las personas para satisfacer sus necesidades básicas y solo el excedente puede ser utilizado para otros fines, siempre respetando su calidad de bienes comunes y, por lo tanto, su posibilidad de reproducirse cíclicamente. Esto equivale a decir que, por ejemplo, el agua debe primero satisfacer las necesidades de bebida, saneamiento y alimentación (riego) de las personas, de una manera que sea compatible con la protección de su ciclo, y luego puede dársele otros usos, como la minería, agricultura industrial, generación de energía, etcétera.

Por último, el hecho de que se reconozca a ciertos bienes su calidad de comunes importa entender que su gobernanza no puede llevarse adelante sin participación de las comunidades que aprovechan esos bienes, siendo que, por ejemplo en el caso del agua, al menos todos los habitantes de una cuenca deberían tener algo que decir en relación con la forma en que se organiza y administra el agua de dicha cuenca, en tanto los afectará a todos. Esa preferencia

68 Lamentablemente, esto no fue completamente respetado por los constituyentes de la dictadura, que pretendieron constituir propiedad sobre el agua y romper el pacto intergeneracional.

colectiva local debería dialogar además con la normativa nacional que contenga las preferencias democráticas.

Adicionalmente a las características anteriores, Ostrom en sus trabajos logró singularizar algunas claves de la regulación de los bienes comunes para funcionar y mantenerse como tales. Entre dichas características, la existencia de arreglos de elección colectiva, el reconocimiento de derechos de organización y la existencia de mecanismos de resolución de conflictos.[69]

Los arreglos de elección colectiva se refieren al derecho a participar de la mayor cantidad posible de personas que serían afectadas por la administración del bien común en cuestión. Los derechos de organización dicen relación con que las instituciones de gobierno de los bienes comunes sean fijadas por los usuarios y habitantes del territorio, y no por entidades de gobierno externo o central, dotando a dichos arreglos de mayor legitimidad y de la mirada sobre las especificidades del territorio. Entre estas instituciones, los mecanismos de resolución de conflicto, que debieran ser instancias locales y con bajos costos de acceso y resolución.

El reconocimiento de bienes comunes en una nueva Constitución no sería una completa extrañeza para nuestro derecho, pues hoy a varios de los bienes que podríamos considerar comunes les hemos otorgado una naturaleza de bienes nacionales de uso público, que, si bien no es lo mismo, tiene marcadas similitudes en el hecho de que se reconozcan esos bienes como pertenecientes a la nación toda (intergeneracionalmente) y de uso generalmente común.

En la nomenclatura constitucional actual, se habla de bienes nacionales de uso público en el caso de "los bienes que la naturaleza ha hecho comunes a todos los hombres", manteniendo la forma de referirse a ello que tenía el derecho romano, a los que se añaden aquellos que "deban pertenecer a la nación toda y una ley lo declare así".

Me parece correcto que la ley pueda determinar que ciertos bienes, diferentes de los bienes comunes naturales, adquirirán la condiciones de comunes cuando se den las características para ello.

---

69 Ostrom, Elinor. *El gobierno de los bienes comunes*. Ciudad de México, Fondo de Cultura Económica, 2012.

Pero respecto a los que la naturaleza ha hecho comunes a todos los sujetos, nos enfrentamos a un problema de indefinición y de riesgo tecnológico, pues básicamente la posibilidad de apropiarse de esos bienes depende del hecho de que no existan los medios para ello; existen y siguen existiendo entonces bienes comunes (nacionales de uso público) en la medida en que la tecnología y los arreglos institucionales no nos permiten apropiarnos de ellos, pero eso puede modificarse en el tiempo, "superando" el hecho de que la naturaleza no los haya hecho comunes.

Por lo mismo, me parece que el criterio para determinar que algunos bienes serán comunes debería estar marcado por la posibilidad de que ellos sean gestionados comunitariamente, la conveniencia de que exista un acceso abierto para satisfacer derechos fundamentales o intereses comunes y el consenso en torno a la necesidad de la mantención en el tiempo de dichos bienes.

En este sentido y como tradicionalmente ha sido, deberíamos considerar como bienes comunes el aire, el agua, el alta mar, las riberas de lagos y ríos, las playas y algunos bosques. Me parece que a esto debiéramos sumar como propio de nuestra cultura a las altas cumbres, y como seguro de vida frente a los avances tecnológicos a los genes, los microorganismos y las funciones ecosistémicas, incluyendo todo lo anterior en un listado no taxativo dentro de la Constitución.

En el caso de las funciones ecosistémicas, ellas representan las interacciones entre los elementos naturales, que permiten que se lleven a cabo y mantengan sus procesos, estructura, funciones y ciclos. Así, por ejemplo, la radiación solar que permite a las plantas hacer fotosíntesis, la sombra de un árbol que mantiene fresco a un hongo que crece cercano a sus raíces o el transporte de polen que abejas, murciélagos y otras especies realizan, permitiendo la reproducción de árboles, flores y plantas.

En la medida en que algunos de estos bienes se hacen escasos, se hace necesario establecer instituciones para su gobernanza y para asegurar su existencia y reproducción. Mientras que la solución más evidente es la conservación, puesto que son bienes y funciones que se reproducen naturalmente, existe de todas maneras una tentación a cercarlos y mercantilizarlos, cuestión que considero sería una práctica inadecuada y que arriesga la pérdida de bienestar básico para la humanidad, además de una fuente de continua inestabilidad social y ecológica.

En lugar de avanzar hacia propietarizar y mercantilizar estos bienes y servicios para incentivar su producción, me parece que una mejor alternativa es generar una industria de recuperación y restauración de la naturaleza, cuyos servicios sean remunerados en base al bienestar común que produce ese servicio y no en base a la propiedad.

Así, por ejemplo, para cuencas degradadas es elemental hacer recuperación de bosque nativo, de forma de recuperar biodiversidad y el ciclo del agua. Esa recuperación debiera ser puesta como parte de las tareas de la comunidad que administra esas aguas y remunerarse en base a ello, como un trabajo que ejecutarán algunas personas. De ninguna manera, como una posibilidad de "venta" de la función ecosistémica "mantención del ciclo del agua" por parte del dueño de un bosque nativo.

La conexión entre los elementos naturales es muy bien graficada por Lienlaf:

Sobre los campos talados
angustiado
da vueltas el viento
sobre el polvo y las cenizas
arrastrando los nidos
donde soñaron las aves

el viento
se enloqueció entre las rocas
porque a sus oídos
ya no llega
el canto suave de los árboles[70]

70 Lienlaf, Leonel. *La luz cae en vertical.* Lumen, 2018, p. 121.

Lienlaf humaniza al viento, que enloquece en la soledad, pero es efectivamente ese viento el que, al no encontrar la resistencia de los árboles que han sido talados, se vuelve más fuerte y erosiona la posibilidad de vida (arrastrando los nidos). Levanta polvo, levanta cenizas, y va haciendo yerma una tierra en que alguna vez hubo un bosque y volaron aves. El suelo y las aves necesitan a los árboles tanto como los árboles necesitan del suelo, las aves y el viento.

26. La función ecológica de la propiedad

La institución de la propiedad, y especialmente de la propiedad privada, ha sido objeto de un acalorado debate a lo largo de la historia. No solo sobre su existencia, sino que especialmente sobre su contenido. ¿Qué significa que una persona sea dueña de algo? Esa pregunta puede ser respondida de múltiples maneras y en la medida en que profundizamos nos encontramos con más y más dificultades.

Tradicionalmente ser dueño de algo significa poder usar y excluir a los demás de su uso, pero no significa que pueda ocuparlo como yo quiera y sin considerar para nada a los demás. Por ejemplo, puedo usar mi auto, pero no puedo usarlo a velocidades excesivas o mientras estoy ebrio. Ser dueño también significa poder "gozar" o sacarle provecho a algo, por ejemplo arrendando mi auto a una tercera persona. No podría, sin embargo, utilizarlo para transportar personas en emergencias médicas como si fuera una ambulancia, salvo que cumpla con una serie de requisitos para ello. Por último, ser dueño significa poder transferir mi bien, por ejemplo vendiendo mi auto a otra persona, aunque no puedo venderlo a un menor de edad.

El derecho de propiedad, al igual que cualquier otro derecho, está sujeto a ciertas limitaciones que emanan de la vida en sociedad y de la conceptualización del bien común. Y no únicamente eso, sino que la propia existencia de la propiedad tiene como base una conceptualización sobre la vida en común y el beneficio colectivo.[71]

Esa conceptualización tiene como uno de sus puntos importantes –en la actualidad– a la eficiencia, pero también tiene una base en los tratados de derechos humanos. La propiedad es garantizada por ellos de una manera muy sencilla, y que entiende bien el hecho de que este derecho debe estar en armonía con la vida en sociedad: "Toda persona tiene derecho al uso y goce de sus bienes. La ley puede subordinar tal uso y goce al interés social".[72]

Más allá de los ribetes y justificaciones de la propiedad, la noción que interesa explorar para esta sección es la de "función social", concepto que incluso usa la Constitución de 1980 para explicar dónde está el límite del derecho de propiedad.

La idea de función social proviene del autor francés León Duguit,[73] pero luego se expandió en el mundo occidental, incorporándose en muchas legislaciones como una de las características del derecho de propiedad. En la visión de Duguit, la propiedad no es solo un espacio de autonomía para los dueños de un determinado objeto, sino que también es una libertad para cumplir con los objetivos sociales del bien del que son dueños, y en ese mismo sentido es un deber.

No hay una oposición entre función social y propiedad privada, sino que, por el contrario, es una noción que busca coordinar las

71 No faltará –pues lo he escuchado a profesores universitarios– quien diga que la propiedad es una institución "natural" y que la prueba de eso es que los niños en alguna etapa de su desarrollo comienzan a apropiarse de las cosas y usar mucho el término "mío". Siempre me he preguntado cómo alguien –razonablemente– puede entender que las actitudes de un niño en ese sentido son prueba de la justificación de una institución. Si los instintos infantiles fueran la guía para nuestras instituciones, nos encontraríamos con algunos problemas importantes, como por ejemplo el control de la agresión, o incluso de los esfínteres. Más aún, debemos recordar que muchas actitudes de niños y niñas en desarrollo no son derivadas simplemente de apetencias naturales, sino que se derivan de imitaciones a adultos, por lo que menos podríamos usar esas actitudes para "comprobar" que por el solo hecho de que un infante realice una acción ella sea natural al comportamiento humano, y no sea una norma o costumbre social imitada.

72 Convención Americana de Derechos Humanos, Art. 21.1.

73 Duguit, León. "Propieté fonction sociale". En: Babie, Paul y Viven-Wilksch, Jessica. *Léon Duguit and the Social Obligation Norm of Property*. Springer, Singapore, 2019, p. 45.

funciones privadas de la propiedad con su función pública o social. La sociedad reconoce, respeta y protege la propiedad privada, en la medida en que ella se coordine con los intereses colectivos.

Existe consenso en la existencia y valor de la noción de función social de la propiedad, pero no necesariamente sobre su alcance y condiciones. Así, por ejemplo, podemos entender que la función social es inherente a la propiedad o, en cambio, que ella es solo una justificación posible para que el legislador, a través de la ley, imponga obligaciones a los propietarios. De la misma manera, podemos discutir cuál intensidad de dichas cargas o limitaciones es aceptable sin que se pierda el derecho de propiedad, o qué tipo de justificaciones caben dentro de esta función social.

La Constitución de 1980, por ejemplo, optó por numerar las justificaciones que caben dentro de la idea de función social, aunque lo hizo con una redacción que deja bastante abierto el asunto, pues señala que la función social "comprende cuanto exijan los intereses generales de la Nación, la seguridad nacional, la utilidad y la salubridad públicas y la conservación del patrimonio ambiental". La mayor limitación de la Constitución quizás esté en que es solo mediante ley que pueden establecerse limitaciones y obligaciones, pero la verdad es que no ha sido tanto la redacción del artículo, como sí la interpretación conservadora posterior a él, la que ha terminado por disminuir el rango de acción de la democracia frente a los derechos de propiedad.

De cara a una Constitución Ecológica, me parece necesario que reconozcamos de manera especial la función ecológica de los bienes comunes y cómo esa función ecológica constituye un límite a la propiedad, que es intrínseco a la propiedad misma y que puede ser desarrollado por diferentes instrumentos normativos.

La función ecológica es la o las funciones que un determinado bien natural tiene en un ecosistema, independientemente del hecho de que sobre él exista propiedad pública, privada o común. Esto está muy emparentado con las funciones ecosistémicas que vimos antes, e implica que mientras las funciones ecosistémicas son una definición científica, la función ecológica sería un concepto jurídico, que da cuenta de un atributo de la propiedad sobre bienes naturales, el que importaría una obligación para el dueño de usar, gozar y disponer del bien de una manera en que no se alteren significativamente sus funciones ecosistémicas.

Pongamos por ejemplo un terreno en el que se emplaza un humedal. Tanto el terreno como el humedal pueden ser de propiedad privada y su dueño podrá ejercer sus facultades en el marco de la ley. Pero en el caso del humedal, sabemos que este tiene funciones ecosistémicas como hábitat para una serie de especies, regulación del ciclo hídrico, control de las inundaciones, limpieza y reservorio de aguas, entre otras. El uso y aprovechamiento que su dueño haga de ese humedal, entonces, tendrían implícita la obligación de proteger todas esas funciones, cuestión que por supuesto debiera ser detallada de mayor forma por la ley, atendiendo a las posibilidades territoriales y las preferencias democráticas, pero no dejada solamente a la voluntad de su dueño.

Atendido el hecho de que la mayoría de los bienes naturales ya están asignados en propiedad, me parece que incorporar en esa institución los deberes que permitan la protección de los ecosistemas se vuelve una solución viable y en cierto modo flexible, pues puede acoplarse a cualquier modo en que reconozcamos el valor intrínseco de la naturaleza, así como a cualquier obligación que tenga relación con la justicia intergeneracional.

Es, además, un avance en el que Chile no estará solo, pues ya la Constitución colombiana y el Código Civil argentino reconocen la existencia de esta función ecológica y han comenzado un trabajo de elaboración de la misma.

Por último, cerremos este capítulo reiterando un punto basal: la naturaleza es un sistema que sustenta la vida y somos parte de él. Cuando miramos sus partes sin observar lo que esas partes hacen para la existencia del sistema en su totalidad ponemos en riesgo su operación, la que en este caso es la base de la vida. Esto pudo ser ignorado por siglos, a propósito de la existencia de cierta estabilidad y abundancia que en estos momentos hemos perdido.

El llamado es a mirar a la naturaleza y a los bienes naturales, tal como lo hiciera Nicanor Parra en su defensa del árbol:

Tú que comprendes claramente
La gran persona que es el árbol!
Él da la fruta deleitosa
Más que la leche, más que el nardo;
Leña de oro en el invierno
Sombra de plata en el verano
Y, lo que es más que todo junto,
Crea los vientos y los pájaros[74]

Con la crisis climática y ecológica como telón de fondo, plantear instituciones que modifiquen nuestra relación con la naturaleza para armonizarla y para proteger su funcionamiento parece una obligación vital.

---

74 Parra, Nicanor. Extracto de "En defensa del árbol". En: *Poemas y antipoemas*. Cátedra, Madrid, 12.a edición, 2017, pp. 53-54.

VII. Cambiar nuestro modo de vida

¿Se siente libre? ¿Siente que el lugar/momento/estado en el que se encuentra ahora fue parte del ejercicio de su libertad? Si cree que sí, le hago otra pregunta: ¿Cuáles eran las opciones que tuvo en realidad? No las que teóricamente habría tenido, no la existencia de otros modos de vida que otras personas tienen, sino que las que usted tuvo. ¿Pudo haberse dedicado a un oficio en lugar de una profesión, o viceversa? ¿Ha desarrollado sus gustos e intereses?

No pretendo ponerme –tan– existencialista en este capítulo, pero sí plantear que aun cuando vivimos en un mundo que nos da ciertas libertades formales, ellas están muy mediadas por un modo de vida generalizado que cubre como un manto la existencia y dificulta enormemente el ejercicio de opciones individuales o colectivas que se alejen de los márgenes de ese modo generalizado.

Aunque aparentemente vivimos en un mundo que es más tolerante de las diferencias que aquel que existió 50 años atrás, sigue siendo muy difícil el ejercicio efectivo de opciones discordantes con el entorno social. Existe un alto costo en no transcurrir los caminos "esperables" de la sociedad. Pasa en decisiones trascendentes, como la opción de no tener hijos, que se convierte en un cuestionamiento familiar permanente, hasta en otras mucho más sencillas, como no tener redes sociales o trabajar en una determinada forma y no en otra.

El modo de vida occidental actual impone ciertas actuaciones, ciertos parámetros materiales y sociales que deben ser seguidos para conseguir sentirnos viviendo una vida adecuada y próspera en lo individual o en lo colectivo. En lo individual y por simplificarlo: una casa en los suburbios, auto, niños en buenos colegios, trabajos en oficinas de doble vidrio con temperatura estable, vestidos con ropa nueva y bien planchada, mientras nos tomamos un capuchino en una cafetería moderna y repasamos las tendencias de redes sociales en nuestro smartphone de alta gama. Con diferencias y disgustos, hay un estándar de "lo que se espera de mí en la vida", que nos afecta a todos y todas.

Pero ese estándar tiene serios problemas. No solo posee una fuerza opresiva hacia las personas, sino que además requiere de una serie de elementos materiales que simplemente no es posible proveer para toda la población global, condenando a la inmensa mayoría a vivir en la angustia de su imposibilidad.

En un mundo con demasiadas personas en situaciones de pobreza y de pobreza extrema, la persecución de esos arquetipos del consumo a veces aparece como un esfuerzo ridículo y descontextualizado. La pobreza sigue ahí a pesar de nuestro evidente sobreconsumo, no porque no existan los recursos para satisfacer esas necesidades de todos y todas, sino que porque la distribución de ellos no tiene siquiera un contenido mínimo de equidad, que asegure condiciones basales para sobrevivir de manera digna.

Hace décadas se viene advirtiendo sobre los límites físicos del planeta y el excesivo uso de sus recursos naturales. Una de las iniciativas, el overshoot day (día del sobregiro), busca mostrar en qué momento del año los recursos que podrían ser utilizados y renovados en un año se agotan en cada país. Con eso se puede calcular cuántos planetas Tierra se requerirían para que todos vivamos en el estándar de vida de diferentes países.

Para el modo de vida que comenté, típicamente estadounidense, necesitaríamos 5 planetas Tierra, 3,2. para el modo de vida de Rusia, 2,2 para el modo de vida de China[75]. No hay mucha diferencia con Chile, donde para el 2021 se proyecta que el día del sobregiro será el 17 de mayo, de tal manera que si la población del mundo viviera en promedio como nosotros se requerirían 2,7 planetas Tierra.[76]

Hay cada vez más personas que caen en cuenta de lo anterior y, por lo tanto, hacemos cosas como dejar de usar el auto,

75 *Bifrost Online*. "Number of Earths Needed If the World's Population Lived like the Following Countries". Disponible en: https://bifrostonline.org/number-of-earths-needed-if-the-worlds-population-lived-like-the-following-countries/.

76 *Earth Overshoot Day*. "Country Overshoot Days". Disponible en: https://www.overshootday.org/newsroom/country-overshoot-days/.

reciclar, usar materiales compostables, aumentar nuestra eficiencia energética, usar menos agua y comer menos carne, entre otras actividades individuales relevantes. Estas actividades son valorables, debemos continuarlas y deben ser incentivadas, pero están lejos de ser una solución posible para el sobreconsumo y deterioro del medio ambiente.[77]

Lo que efectivamente necesitamos es un cambio en el modo de vida, que no es una cuestión individual sino que colectiva. Este cambio, tan necesario como urgente, puede avanzar de muchas formas y estamos precisamente en las décadas en que decidiremos cuál es el camino a tomar.

Una opción, que de ninguna manera apoyaría, sería renunciar a la posibilidad de que toda la población llegue a niveles de consumo y bienestar material parecidos a los de las sociedades actuales del norte global y abrazar la desigualdad. Parte de los problemas de esta opción, apreciaciones éticas aparte, es que es social y ambientalmente insostenible. Nuestro modo de vida se sostiene, en parte, en la esperanza de que cada uno de nosotros puede alcanzar esos niveles de vida y que ello en parte se logra mediante el crecimiento general de la economía, razón por la cual todos debemos aportar a él.

Si aceptáramos que la realidad es que ello es imposible, pero en lugar de cambiar el modo de vida solamente abrazáramos esa imposibilidad y sostuviéramos las desigualdades, me parece que probablemente habría un malestar social generalizado que desembocaría rápidamente en eventos violentos. Pero, además, el modo de vida y consumo actuales son insostenibles ambientalmente. El promedio mundial de sobreconsumo nos lleva a la necesidad de 1,7 planetas Tierra para sustentarlo en el tiempo. No lo estamos logrando, y la crisis climática y ecológica es la consecuencia.

Al igual como sucede en cualquier familia, intentar vivir más allá de las condiciones materiales posibles nos lleva a un sobreendeudamiento que amenaza con terminar dejándonos en condiciones mucho peores que las actuales. La diferencia

77 Existen herramientas en internet para medir nuestro impacto individual y cuántos planetas Tierra se requerirían para que todos vivieran de la manera en que cada uno de nosotros lo hace. Entre ellas: https://myhappyfootprint.com/calculate-your-footprint/.

fundamental es que nuestra deuda es con las generaciones futuras y es imposible pagarla fuera de plazo.

Frente a la opción nihilista que planteé anteriormente, tenemos la más efectiva, que es salir de este modo de vida, lo que me parece nos llevaría a sentir el placer que describe Elvira Hernández:[78]

Es un placer inmenso
la contemplación
de una jaula vacía

Abrir la jaula, sobre todo para quienes se encuentran en una jaula de oro, es un esfuerzo realmente complejo y que no es esperable que suceda de modo individual y desconcentrado, sobre todo cuando la jaula es tan valiosa para mantener ciertos valores y procesos económicos y sociales.

Requeriremos, para empezar a reconstruir, disminuir nuestras ambiciones materiales, redistribuir bienes, conservar y recuperar los ecosistemas. No es algo que –desde mi visión– estemos efectivamente empezando a hacer, sino que más bien nos hemos situado en la discusión y recién estamos comenzando a construir instituciones que nos lleven por este nuevo camino.

La Constitución Ecológica por supuesto tiene cosas que decir en esto, tanto con las instituciones que hemos revisado, como con las que veremos a continuación. Pero no será suficiente y no es la gran respuesta. De hecho, el gran logro que puede existir en torno a una Constitución Ecológica no es que efectivamente se consagre, sino que estemos convencidos y convencidas de la necesidad de contar con ella. Desde ese convencimiento será mucho más sencillo avanzar en un efectivo cambio en nuestro modo de vida.

78 Hernández, Elvira. "Placer". En: *Pájaros desde mi ventana*. Alquimia Ediciones, 2.a edición, 2019, p. 58.

27. Buscando el buen vivir

Los distintos grupos humanos en el mundo han pasado por distintas formas de vida. En el caso de nuestro territorio, que hoy conocemos como Chile, hemos pasado por formas de vida indígenas nómadas, indígenas afianzadas a la tierra; formas de vidas marcadas por la colonización y el sincretismo, otras marcadas por el criollismo, otras formas de vida marcadas por el capitalismo y el ímpetu de pertenecer al denominado occidentalismo, y la vida que actualmente llevamos, marcada por el individualismo, la globalización, el extractivismo, la transitoriedad de las relaciones y una creciente importancia de la moral.

Esa forma de vida ha estructurado una disociación entre el valor y respeto a la naturaleza desde la perspectiva moral, artística y de la belleza, pero nos ha llevado a una relación casi antagónica con la naturaleza en los aspectos económicos, políticos y jurídicos. Vemos al medio ambiente como una fuente de recursos a nuestra disposición, que podemos controlar y utilizar a nuestro arbitrio, y frente a la cual debemos protegernos. Durante mucho tiempo, la cultura occidental predominante ha pensado que esta es la única forma que existe de relacionarse con la naturaleza; sin embargo, ello no puede ser más erróneo.

Los pueblos indígenas, y especialmente los pueblos indígenas andinos, han intentado llevar desde sus orígenes una relación armoniosa y equilibrada con el medio ambiente. Según nos ilustra la Coordinación Andina de Organizaciones Indígenas (CAOI), las culturas ancestrales de estos territorios se basan en

> el paradigma comunitario de la cultura de la vida para vivir bien, sustentado en una forma de vivir reflejada en una práctica cotidiana de respeto, armonía y equilibrio con todo lo que existe, comprendiendo que en la vida todo está interconectado, es interdependiente y está interrelacionado.

Este concepto castellanizado del buen vivir, o vivir bien, proviene de los conceptos indígenas suma *qamaña* (aimara) y *sumak kawsay* (quechua), los cuales literalmente podrían ser traducidos como *vida en plenitud*, y se ha considerado que podrían relacionarse con el *kume mongen* mapuche.

En las últimas décadas hemos visto una intensificación de la reivindicación de esta forma de vida, sobre todo con la incorporación del buen vivir como valor y principio ordenador del sistema jurídico en las constituciones ecuatoriana de 2008 y boliviana de 2009, lo que ha incorporado al concepto de buen vivir a la deliberación político-jurídica. En su comprensión más simplificada, se comprende como la cosmovisión indígena común en todos los pueblos andinos, la cual es, según la CAOI, el paradigma comunitario basado en la vida en armonía y el equilibrio con el entorno. Sin embargo, como concepto político-jurídico, aún se encuentra en construcción.

El buen vivir, entonces, se expresa en distintas aristas de nuestras vidas. Como una forma de entender la vida en sí misma, nos ofrece un acercamiento filosófico-moral sobre cómo nos comprendemos como persona individual, cómo comprendemos nuestras relaciones con la comunidad y cómo comprendemos nuestra relación con el entorno, y, en especial, con la naturaleza. Este acercamiento filosófico-moral se basa en una ambición muy distinta a aquella que nos mueve actualmente como sociedad. Cuando el buen vivir es el modo de vida que se quiere llevar, la ambición de todas las personas no es más que lograr una armonía con nuestro propio cuerpo y nuestra propia existencia; con nuestro contexto social y las comunidades en que nos insertamos, y con nuestros ecosistemas y el soporte natural en que vivimos. La ambición de cada persona deja de ser, entonces, la acumulación de objetos materiales y la mayor aprobación social, emulando muchas veces las formas de vida extranjeras en un claro gesto racista y elitista, y cuyas consecuencias directas son la degradación inconsciente –a veces, no tan inconsciente– de la naturaleza y los ecosistemas que sostienen esa misma vida utópica que se intenta llevar.

También se presenta como una forma de entender la economía. En este sentido cambia la perspectiva que tenemos sobre los bienes sociales y su valor económico, consagrándose como un modelo poscapitalista o alternativo al capitalismo, que busca superar las limitaciones de este último modelo, fundamentalmente las basadas en la idea de desarrollo como un crecimiento exponencial de capital. Así, el buen vivir cuestiona las ideas de desarrollo, crecimiento y progreso, otorgándole una nueva perspectiva a la economía.

Esta forma de vida rescata el valor de objetos distintos a los materiales, como el conocimiento, las relaciones sociales, entre otros. Por ello, para el buen vivir, la riqueza no consiste en tener y acumular la mayor cantidad de bienes posibles, sino que en lograr un equilibrio entre las necesidades fundamentales de la humanidad y los recursos disponibles para satisfacerlas.

En conclusión, el buen vivir propone que nuestra forma de vida debe basarse en principios de sistematicidad, integralidad y ajuste a los límites planetarios, tanto en el aspecto económico, como político, cultural y ambiental.

Dicho lo anterior, alguna persona podría expresar: "Muy bien, pero ¿qué tiene que ver todo esto con la Constitución?". Para responder a esta válida pregunta, primero diré que el buen vivir es solo un ejemplo de las posibilidades que tenemos de configurar una nueva forma de vida, y si bien me parece que es una propuesta muy valiosa, ella deberá ser considerada en la discusión democrática en la que el país, representado en la convención constitucional, decidirá si es la mejor para Chile. Espero que decidan por incorporarla.

Pero, para ir al fondo del asunto, la respuesta es que una Constitución tiene mucho que decir sobre la forma de vida de las personas de un país. Claramente, hay otras estructuras no relacionadas con la Constitución e, incluso, no relacionadas con el derecho ni la política, que afectan en las formas de vida de un país, como son su historia, las condiciones del territorio que habita, entre otras. Sin embargo, las constituciones determinan de tal forma la escena jurídica, política, económica y, en cierta medida, social de un país que logran situar algunas de las características de la forma de vida que llevará.

Si esto no fuera así, habría que preguntarse por qué las manifestaciones del estallido social desembocaron en una gran demanda de crear una nueva Constitución, siendo que muchas de esas demandas se relacionan con nuestra forma de vida, como, por ejemplo, las exigencias de una Constitución feminista, de la valorización de la vejez, de la redignificación de la vivienda y el trabajo, etc.

La voluntad de constituir una Constitución Ecológica nos cuestiona también sobre esa manera de vivir, y un principio como el de buen vivir sirve de guía en esa pregunta, que no se responde solamente en este proceso ni en el documento final, sino que se seguirá respondiendo en los años venideros. La senda del buen vivir nos pone en posición de ir buscando las formas en que las actividades sociales se armonizan con la protección del medio ambiente, pero también de cómo logramos mayores equilibrios en la organización social.

28. La valoración del cuidado

Entre los muchos aportes del pensamiento feminista, el llamado a la valoración de los cuidados y las actividades que permiten el sostenimiento y la reproducción de la vida es uno que, de manera muy interesante, se encuentra con la necesidad de un nuevo modo de vida, ecológicamente razonable. Esas labores de cuidado son, por ejemplo, la alimentación, la educación, el cuidado de enfermos y ancianos, la organización colectiva de la comunidad, la mantención de semillas, huertas y terrenos colectivos, la protección de los bosques y los animales, etcétera.

En los valores de la sociedad patriarcal actual, cosas como la innovación para la explotación, el aumento de las utilidades de una actividad y la eficiencia adquieren un valor socialmente superior a cualquier actividad que tenga que ver con la mantención y reproducción de la vida, al punto de que hay ocasiones en que estas últimas son llamadas "obstáculos" o "lomos de toro" para el desarrollo de proyectos y actividades que se autodenominan como productivas.

La producción acelerada y sin mediar consecuencias aparece como un objetivo en sí mismo, fuertemente vinculado con un ideal de crecimiento sin límites, que, como he repetido incansablemente, es físicamente imposible. Esa actividad productiva y de crecimiento tiene claramente un cariz masculino, mucho más acentuado durante el siglo XX que en el siglo XXI, pero que continúa estando en la esfera de acción típicamente de los hombres.

Mientras tanto, las labores de cuidado y mantención de la vida (humana y no humana) son tenidas como actividades de menor importancia y típicamente femeninas. Como señala la intelectual estadounidense Nancy Fraser junto a Cinzia Arruzza y Tithi Bhattacharya,[79] en la sociedad patriarcal actual se separa la labor de producción de ganancias, que se les entrega a los hombres, de la labor de producción de personas o de reproducción social, que se deja a las mujeres. La primera es aplaudida y valorada, mientras que la segunda es invisibilizada y desvalorizada.

Esta oposición se enmarca ente muchas otras dicotomías jerárquicas similares que relevan el rol de "lo masculino". Entre ellas, Fraser menciona "masculino/femenino, público/privado, trabajo/cuidados, éxito/amor, individuo/comunidad, economía/familia y competencia/sacrificio".[80]

La posición relativa que la estructura les ha dado a las labores de cuidado podemos analizarla críticamente desde dos frentes. El primero es el que viene siendo abordado, que ha visibilizado el problema y ha propuesto la valoración de dichas labores, incluso dándoles valor económico. Un segundo frente dice relación con la revalorización de las labores de cuidado no solo respecto de las que se autodenominan productivas, sino que también respecto de su valor inherente.

En las dicotomías que presenta Fraser está implícita una jerarquía, una exaltación de un valor por sobre el otro, que es promovida por el patriarcado, de manera de poner a lo femenino en un conjunto que comparte con otras actividades conceptos y características que tienen un menor valor, entre ellos, el cuidado como un opuesto al trabajo.

79 Fraser, Nancy et al. *Feminism for the 99 %: A manifesto*. Verso, Londres, 2019, pp. 21-22.

80 Fraser Nancy. *Fortunas del feminismo*. Traficantes de Sueños, 2015, p. 138.

La lucha feminista, en este sentido, ha avanzado desde los dos frentes, pero de una manera que puede resultar incluso contradictoria. Por una parte, se ha exaltado la necesidad de desfeminizar las labores de cuidado y que ellas sean asumidas de igual manera por hombres y mujeres, mientras se intenta que esas labores sean valoradas e incluso valorizadas, de manera de extraerlas de la lógica de subordinación frente al "trabajo productivo". Pero la gran profesora italiana Silvia Federici nos muestra también otra realidad, que dice relación con que las mujeres prefieren hacerse cargo de las labores de cuidado, y que lo hacen principalmente por dos razones: el cansancio frente a estructuras laborales que dan por hecho que las labores de cuidado están siendo cubiertas por terceras personas diferentes de los y las trabajadoras, y como una manera de asegurar una alta calidad de las mismas para sus familias, mediante la compra o cosecha de alimentos saludables, el acompañamiento en la educación de los hijos, etcétera.[81]

La misma Silvia Federici cree que asistimos a un proceso de degradación de la vida cotidiana y de los cuidados, de suerte que, en la medida en que tanto hombres como mujeres han ido dedicando más tiempo al trabajo productivo, las labores de reproducción y cuidado han ido siendo descuidadas o entregadas a servicios externos de baja calidad.[82]

Estoy de acuerdo con lo anterior y parte de los cambios estructurales de nuestro pacto social, más allá de lo solamente constitucional, tiene que ver con modificar esta realidad, reflexionando, considerando y valorando las actividades de cuidado de la vida, algunas de ellas relacionadas con la reproducción y cuidado de la vida humana, y otras relacionadas con la reproducción y cuidado de los ecosistemas y de otras vidas no humanas.

En esto, una voz autorizada y prudente es la de la antropóloga y ecofeminista española Yayo Herrero, quien deja en claro que la crisis ecológica y la crisis de cuidados son parte de una misma línea, pues también han sido las mujeres quienes tradicionalmente se han

81 Federici, Silvia. *Reencantar el mundo*. Ediciones Tinta Limón, Buenos Aires, 2020, pp. 253-254.

82 Federici, Silvia. Ibid., pp. 256-257.

encargado del mantenimiento de la vida en la comunidad, la organización de la misma, la mantención de las tierras, conservación de semillas y protección de bosques, ente otras labores.[83]

El hecho de que estas labores hayan sido tradicionalmente femeninas no quiere necesariamente decir que deban ser así en el futuro. Existen enfoques esencialistas que creen que es parte de la esencia de las mujeres el ser más preocupadas y cuidadosas, mientras que otros enfoques plantean que ello es parte de una construcción social y una asignación cultural.

En cualquiera de los casos, lo que más interesa relevar es cómo junto con esa mayor incidencia en las labores de cuidado existe una falta de valoración de las mismas, que me parece es el mayor problema. Si estas labores estuvieran debidamente valoradas, la discusión probablemente no sería sobre lo incorrecto que es pensar que las mujeres tienen una mayor disposición natural al cuidado, sino que sería dada por los hombres que se sentirían injustamente excluidos de dichas labores.

La valoración de los cuidados, como un cambio en nuestro modo de vida, probablemente requiere de muchas modificaciones normativas y de políticas públicas, para que por ejemplo el trabajo remunerado incluya las labores de cuidado y la estructura de seguridad social haga lo propio, entre otras.

Mi intención en este acápite es mostrar el cruce entre el pensamiento feminista y el pensamiento ambientalista/ecologista, llevado adelante principalmente por las intelectuales ecofeministas. Junto con las labores de cuidado doméstico, pueden y deben reivindicarse y valorarse las labores de cuidado de la naturaleza, siendo todas ellas parte de una invisibilizada red de actividades de primera necesidad para la existencia de nuestra sociedad.

El hecho de que nuestras instituciones, y especialmente el mercado, valoren de manera tan diferente las actividades extractivas

83 Herrero, Yayo, y Pascual, Marta. "Ecofeminismo, una propuesta para repensar el presente y construir el futuro. *Boletín ECOS Nº 10*, CIP-Ecosocial, 2010. Disponible en: http://www.madafrica.es/wp-content/uploads/2020/11/Ecofeminismo_una_propuesta_para_repensar_el_presente_y_construir_el_futuro_Marta_Pascual_y_Yayo_Herrero_2010.pdf.

y las actividades de conservación genera un problema considerable, que está anclado en nuestras visiones sobre el bienestar, la competencia, la producción y la eficiencia.

La valoración del cuidado nos podría ayudar a salir de este ciclo de exaltación de la destrucción. La búsqueda de maneras con las que las instituciones recojan esta valoración, sin que se produzcan situaciones de exclusión, es uno de los desafíos para nuestro nuevo modo de vida.

29. Hacia un nuevo modelo económico de desarrollo

La estructura económica global es insostenible, pues está basada en la idea de un crecimiento sin límites, en un espacio limitado, con recursos limitados. El capitalismo ganó la Guerra Fría contra el socialismo, pero en la base de ambos existía la misma lógica de producción ilimitada que nos tiene sumidos en la crisis climática y ecológica. La humanidad lo sabe hace ya unos 50 años, pero no hemos tenido el convencimiento de abordarlo de manera seria y frenar nuestra trayectoria autodestructiva.

Sobran los análisis en este sentido, desde que Donella Meadows y sus colegas del Club de Roma publicaran la primera edición del libro "Los límites del crecimiento", tan valorado como criticado, pero que cambió para siempre nuestra manera de pensar acerca del crecimiento y de los límites planetarios. A 30 años de su publicación, las y los autoras/es reeditaron y actualizaron el libro, para mostrar que, a pesar de esta conciencia, nos encontramos sobregirados desde 1980 y que la conciencia general sobre la insustentabilidad de nuestra estructura económica no ha sido suficiente, pues no se ha obtenido el apoyo político para apoyar los cambios que tanto las políticas públicas como los modos de vida requieren.[84]

84 Meadows, Donella; Randers, Jorgen y Meadows, Dennis. *Limits to Growth: The 30 Years Update*. Earthscan, London, 2005, p. XIV.

La manera en que las políticas públicas tomaron este desafío –a medias– fue el acercamiento del desarrollo sostenible o sustentable a todas sus variaciones. El desarrollo sustentable supone que es posible mantener el sistema económico con las mismas bases actuales, pero tomando decisiones que, a la vez que contribuyen al crecimiento, son respetuosas del medio ambiente y promueven el desarrollo social. El desarrollo sustentable pretende que siga existiendo una evolución de la economía y un dinamismo, pero que este se dé dentro de los límites de lo posible, para el respeto de generaciones actuales y futuras.

Desde mi punto de vista, este enfoque podría ser posible solo con ciertos requisitos mínimos que en ningún caso se cumplen actualmente. Por ejemplo, en un escenario en que existan opciones comparativas frente a un presupuesto calculado de capacidad de carga anual. Digamos, en un ejemplo muy sencillo, que una cuenca tiene capacidad de recarga de 100 litros por segundo en las condiciones actuales. Si quisiéramos tomar decisiones efectivamente sustentables, habría que tomarlas en base a un máximo de explotación de esos 100 litros y luego decidir entre las distintas alternativas de uso cuáles son más convenientes. Un porcentaje de esa agua deberá ser para consumo humano y debiéramos calcular cuánta es necesaria para la mantención de los ecosistemas que permiten esa recarga, cuánta para la agricultura y de esa forma sustentar nuestras vidas, y cuánto quedaría para lo demás, que luego debiéramos poder decidir en base al modelo de desarrollo territorial que tengamos: ¿Preferimos minería, turismo, industria?

El ejemplo dado anteriormente no puede estar más lejos de la realidad de la toma de decisiones del supuesto desarrollo sostenible. No calculamos capacidades de carga del territorio, no hay una preocupación particular por la mantención de las condiciones que reproducen los recursos renovables, no hay nada que nos muestre un "presupuesto", sino que las decisiones atomizadas sobre las actividades pasan principalmente por quienes quieren realizar una actividad y serán autorizadas con ciertas condiciones ambientales mínimas, pero que difícilmente conllevarán variables efectivas de sustentabilidad. Lo que es peor, un ejemplo como el que describí probablemente no tiene viabilidad social ni política hoy, pues requeriría de instituciones que colisionarían fuertemente con las existentes.

El desarrollo sostenible ha sufrido tremendas tensiones como concepto, puesto que, mientras desde una perspectiva ambientalista debería estar principalmente al servicio de los límites planetarios y las generaciones futuras, desde el punto de vista de la economía clásica y neoclásica debería enfocarse en asegurar el crecimiento económico (pues se sigue viendo el desarrollo como un equivalente al crecimiento), cuestión que es esencialmente incompatible.

El concepto de desarrollo sostenible con los tres pilares que comentamos (crecimiento + ambiente + sociedad) fue muy promovido desde el sistema de Naciones Unidas en los años 1980 y 1990, estableciéndose como un parámetro cuasi objetivo que servía de estándar a los países para sus actividades económicas y sus políticas públicas.

Recién a mediados de los 2010 el concepto de desarrollo sostenible se actualizó, incluyendo ahora no solo esos tres pilares, sino que además 17 objetivos que vendrían a constituir una idea de desarrollo que va más allá del crecimiento y que incorpora el fin de la pobreza, el hambre cero, la salud y bienestar, la educación de calidad, la igualdad de género, el agua limpia y saneamiento, la energía asequible y no contaminante, el trabajo decente y crecimiento económico, la industria, innovación e infraestructura, la reducción de las desigualdades, las ciudades y comunidades sostenibles, la producción y consumo responsables, la acción por el clima, la vida submarina, la vida de ecosistemas terrestres, la paz, justicia e instituciones sólidas y las alianzas para lograr los objetivos.[85]

Como vemos, en la idea de desarrollo sostenible nos encontramos ahora con una visión mucho más compleja de lo que significa el desarrollo, que intenta desacoplarlo del crecimiento económico y vincularlo a una serie de cuestiones que se relacionan con una evolución de la sociedad en múltiples dimensiones. Considero profundamente valorables estos objetivos, pero su sola persecución

85 *Chile Agenda*. "La Agenda de Desarrollo Sostenible". Disponible en: http://www.chileagenda2030.gob.cl/.

creo que no alcanza para dar el tono con el cambio de la estructura económica que requerimos si queremos cambiar la trayectoria.

La necesidad de cambio de la estructura económica a la que nos enfrentamos en este momento tiene todas las urgencias que se han ido retratando en este libro y un componente adicional que lo hace muy interesante: no hay aún guías certeras ni ideologías que pretendan hegemonía. Mientras que en el siglo XX se enfrentaron claramente capitalismo y socialismo con sus respectivos campeones (Smith y Marx), en esta tercera década del siglo XXI aún no existe nada que se le parezca, sino que hay un panorama abierto a la innovación y a nuestras posibilidades de cambio.

Lo anterior no quiere decir que no existan referentes ni ideas ya puestas sobre la mesa, sino solamente que no existe esa tirante disputa entre sistemas que en algunos ejes son opuestos. Quiero relevar esto último: capitalismo y socialismo tienen algunas oposiciones como el rol del Estado y el mercado, o la posibilidad o imposibilidad de acumulación, pero no son completamente opuestos en su visión del crecimiento ilimitado y la creciente industrialización como vías de aumento del bienestar material de la población.

Las tensiones y objetivos del sistema económico del futuro no serán necesariamente en la misma línea. Primeramente, porque ya no es solo el bienestar material de las personas que actualmente habitan la Tierra lo que debe tomarse en consideración, sino que cómo los modos que conducen a ese bienestar pueden ser reproducidos en el tiempo para servir a generaciones futuras. En seguida, porque la nueva manera en que se configure la economía tendrá que ser respetuosa de los límites naturales, si es que quiere tener alguna posibilidad de perdurar en el tiempo. Lo anterior no significa dejar a un lado el bienestar material, evidentemente, pero sí repensar cómo lograrlo.

Hay personas que piensan que todos estos asuntos se resolverán con la tecnología y ponen sus esperanzas en ello, incluso apelando a ejemplos en la historia en que ello ha sucedido. Lamentablemente, esa fe en la tecnología nos ha conducido por un camino en que vamos cambiando los materiales y modos en que seguimos produciendo el mismo desastre. A mayor abundamiento, en esos ejemplos se olvida todas las veces que la tecnología no ha sido suficiente para resolver los problemas, y esto ha derivado en eventos violentos o incluso la desaparición de civilizaciones, como vimos anteriormente.

No me parece que sea necesario, como muchas personas piensan cuando escuchan sobre los cambios en la estructura económica, reducir drásticamente la satisfacción de nuestras necesidades e intereses (irnos a vivir a las cavernas), pero sí cambiar la matriz de producción y consumo de modo que los bienes durables efectivamente lo sean; que tengamos una menor utilización de materiales de todo tipo, pero especialmente plásticos; una drástica reducción de las emisiones de CO_2 y otros gases de efecto invernadero; un uso menos intensivo del suelo; detener la deforestación y comenzar la reforestación y restauración, entre otros. Nada de eso es posible así sin más y, por lo mismo, se está invirtiendo mucho esfuerzo en el mundo por transitar hacia una nueva economía.

En los siguientes párrafos resumiré de manera muy breve algunos de los planteamientos principales de las diferentes propuestas que se encuentran actualmente circulando. La brevedad con que me referiré a ellas no hará justicia de su profundidad, pero sí permitirá considerar algunas de sus ideas principales para efectos de transición económica.

Entre las alternativas teóricas y prácticas que se han propuesto, nos encontramos en primer lugar con los sucesores de la tensión del siglo XX: el capitalismo o economía verde y el ecosocialismo. El primero ha tenido gran aceptación y viene siendo promovido por instituciones como el Banco Mundial y el Fondo Monetario Internacional, así como está a la base de buena parte de las discusiones de cambio climático en el seno de la organización de Naciones Unidas. El planteamiento basal es el de mover las inversiones fuera de los combustibles fósiles y hacia proyectos que permitan mantener la estructura económica de manera similar a la actual, pero con una producción y consumo que sean menos dañinos para el planeta, precisamente disminuyendo su impacto en términos de gases de efecto invernadero. De la misma forma, este modelo busca sustituir materiales más contaminantes por otros que lo sean menos (como, por ejemplo, sustituir el plástico por versiones vegetales) y que se contabilice los bienes naturales como un capital de cada país, para todos los efectos de política pública.

En lo que se refiere al ecosocialismo, es un pensamiento que pone el acento en criticar al capitalismo como gran precursor de la crisis climática y ecológica. El ecosocialismo toma la mayoría de los elementos básicos de la propuesta teórica y política de Karl Marx, pero es crítica del socialismo real, particularmente desde la lógica de que el socialismo del siglo XX no tomó en cuenta de manera adecuada la base ambiental de la existencia social y económica. Así, por ejemplo, mientras Marx enfatizaba el valor del trabajo por sobre el valor del capital o de los medios de producción, el ecosocialismo toma esa lógica para criticar el hecho de que no se considere el trabajo de los propios ecosistemas para producir los materiales que serán tenidos como capital para efectos de la producción. De la misma manera, el ecosocialismo es crítico de la lógica de producción y consumo tanto del capitalismo, como del socialismo del siglo XX. Uno de los teóricos más reconocidos de esta línea de pensamiento es Michael Lowy, quien enfatiza que un problema de la propuesta de Marx y Engels tiene que ver con la fe en la producción continua y creciente como motor de desarrollo, y considera que el ecosocialismo tiene como base la protección de los equilibrios ecológicos del planeta y preservar un medio en el que las distintas vidas puedan desarrollarse.[86]

Si bien creo que estas dos líneas de pensamiento tienen un valor significativo al intentar mover a sus matrices hacia versiones ecológicamente razonables, también me parece que, al no despegarse lo suficiente de esas matrices, tienen una posibilidad de impacto menor e inevitablemente se insertan en lógicas que, al enfatizar tanto en la producción y el consumo, resultan muy difíciles de conciliar con los límites planetarios.

En esto, me parece que Soublette da en el punto, al señalar que

---

86 Lowy, Michael. *Ecosocialismo. La alternativa radical a la catástrofe ecológica capitalista.* Editorial El Colectivo, Buenos Aires, 2011.

> tanto para el marxismo como para el capitalismo el fundamento de la cultura humana es económico, esto es que el pacto social resulta de cómo los hombres se organizan para producir, por eso los conceptos de recursos naturales y recursos humanos pertenecen a la civilización global que homologa ambos regímenes, y el materialismo que subyace en esas denominaciones es el mismo formulado filosóficamente en uno e implícito como actitud en el otro.[87]

Es por lo mismo que se multiplican las líneas de pensamiento alternativas a estos paradigmas, y no siendo exhaustivo en revisarlas, me interesa resaltar algunas ideas de cuatro de esas líneas: el desarrollo a escala humana, la economía ecológica, el decrecimiento y la economía de la rosquilla.

El desarrollo a escala humana es un concepto acuñado por el economista chileno Manfred Max-Neef. En lo principal, es una idea que expresa que el desarrollo debiera enfocarse en la satisfacción de las necesidades humanas, mirando al mundo y a sus procesos de una manera diferente a la que la economía tradicional lo ha hecho. Para hacerlo de manera correcta, se requiere de una mirada que integre visiones distintas y que mire los diferentes tipos de pobreza en que puede encontrarse una persona o una comunidad. La pobreza puede ser de subsistencia o de protección, de afecto, participación, identidad, etcétera. La superación de la pobreza, entonces, importa múltiples desafíos, pues cada pobreza puede desarrollar patologías colectivas diferentes.

A esas pobrezas o patologías se les puede hacer frente observando los diversos satisfactores, que son formas de hacer, tener, estar o ser y que ayudan a realizar o satisfacer las necesidades humanas. Pueden ser objetos, pero también modos de relacionarse, actividades, valores, espacios, estructuras sociales, etcétera. Una economía humanista como la entiende Max-Neef debería mirar esas necesidades y satisfactores como sus objetivos, propiciando la valoración de la diversidad y la subjetividad en el momento de

87 Soublette, Gastón. *Manifiesto. Peligros y oportunidades de la megacrisis*. Ediciones UC, 2020, pp. 56-57.

satisfacer necesidades. Por último, Max-Neef enfatiza que lo anterior se logra fijando una mirada en la sinergia entre diferentes actividades económicas y enfatizando esa sinergia en lugar de la eficiencia, pues esta última sin una reflexión asociada a ella termina por convertirse en un objetivo vacío y que no apoya al desarrollo humano.[88]

La economía ecológica, por su parte, muestra cómo es que los problemas ambientales no son solo una falla del mercado,[89] sino que también son el desplazamiento de un costo del productor hacia las generaciones futuras, otras especies o las comunidades más pobres, que no es accidental sino que activamente buscado.

Uno de sus grandes expositores de esta línea es el profesor catalán Joan Martínez-Alier, quien entre otras cosas enfatiza el llamado "ecologismo de los pobres", mostrando cómo un número importante de conflictos ambientales son conducidos por personas en situaciones de pobreza que intentan defender los sistemas ecológicos que sustentan sus vidas, y cómo los sistemas de vida tradicionales de, por ejemplo, los campesinos latinoamericanos o africanos son esencialmente más protectores del medio ambiente que cualquier acción individual (reciclar, andar en bicicleta, etc.) que pueda ser promovida como acción "consciente" por parte de las clases medias de países desarrollados.[90]

La economía ecológica construye desde la idea del pluralismo de valores, reconociendo que el valor va más allá de lo monetario e integra dimensiones sociales, culturales, ecológicas, estéticas, morales, etcétera. Desde esa premisa y considerando que los valores no son solo individuales, sino que también colectivos, las decisiones económicas deberían integrar las distintas dimensiones que ellas

88 Max-Neef, Manfred. *Desarrollo a escala humana. Conceptos, aplicaciones y algunas reflexiones*. Editorial Nordan-Comunidad, Montevideo, 1993.

89 La falla de mercado que típicamente se reconoce en la contaminación o los impactos ambientales son las externalidades, entendidas estas como el costo de producción de un determinado bien, que no es cargado por el productor, sino por un tercero. En el enfoque de las externalidades, ellas pueden ser resueltas mediante la internalización del costo, ya sea modificando el proceso productivo o compensando a quien resulta estar en posición de pagar el coste de producción respectivo.

90 Martínez-Alier, J. *El ecologismo de los pobres. Conflictos ambientales y lenguajes de valoración*. Icaria Editorial, Barcelona, España, 3.a edición, 2005.

afectan y especialmente la dimensión ecológica, en tanto los procesos naturales no operan de una manera que sean fácilmente traducibles a valores monetarios e intercambiables, sino que, por el contrario, su interconexión los hace intrínsecamente indivisibles.

Para la economía ecológica, la naturaleza no debería ser objeto de división y mercantilización, sino que un espacio en el que se produzca una lógica de justicia ambiental, entendida en ese sentido como la posibilidad de cada persona para satisfacer sus necesidades básicas. Y en lo que quizás es el punto más relevante, la economía ecológica mira a la economía no como un sistema en sí mismo desconectado de otros, sino como un subsistema dentro del sistema natural global, el cual tiene límites.[91]

Cualquier discusión sobre crecimiento suele encontrarse con exageraciones retóricas en torno a la necesidad de él para superar la pobreza y, en la discusión de sobremesa en Chile, ese énfasis se perpetúa en la visión de que hasta los años 1980 Chile era un país muy pobre y que la diferencia entre la realidad actual y la de aquella época es el producto de un crecimiento económico acelerado, particularmente en la década de los 1990.

Acá es interesante observar el trabajo del decrecimiento y de manera especial el influyente libro del economista inglés Tim Jackson "Prosperidad sin crecimiento", que ha sido intensamente celebrado por contener una idea muy potente y haberla llevado a un análisis empírico: el crecimiento no necesariamente importa mayor prosperidad. Jackson parte de la ineludible base de los límites del crecimiento y busca expresar, en primer lugar, que la noción de prosperidad debe alejarse de la idea del crecimiento económico y, en segundo lugar, que la idea de que el crecimiento económico tiene un impacto significativo sobre la prosperidad es solo hasta cierto punto, luego de lo cual se vuelve un objetivo estéril.

En lo que se refiere a lo primero, Jackson muestra numerosa evidencia sobre cómo las cosas que hacen más felices a las personas no son necesariamente aquellas que están relacionadas con el

91 Martínez-Alier, Joan y Roca Juzmet, Jordi. *Economía ecológica y política ambiental.* Fondo de Cultura Económica, México D.F., 3.a edición, 2013.

crecimiento económico, sino que el bienestar subjetivo está marcado en mayor manera por nuestras relaciones familiares, salud, el lugar donde vivimos y nuestros espacios comunitarios y espirituales. Por lo tanto, la capacidad de florecer y desarrollarnos es en realidad lo que marca la prosperidad.

La segunda dimensión del estudio de Jackson es la más interesante. El crecimiento económico tiene un impacto sobre dimensiones relacionales y las posibilidades de florecer que tenemos, pero solo hasta cierto punto. Pasado ese punto, el crecimiento ya no influye en los factores de felicidad de las personas. Ese punto está alrededor de los 15.000 USD per cápita. Cuando el ingreso per cápita es menor a ese punto, el crecimiento de la economía y del PIB está vinculado a un aumento en los grados de felicidad y satisfacción, pero luego de ese punto se estanca y ya resulta prácticamente irrelevante; el PIB puede aumentar al doble, pero la felicidad se mantendrá más o menos en el mismo rango.[92]

Si el sistema económico tiene como objetivo aumentar el bienestar colectivo, tener en cuenta las variables que eso implica en distintos puntos del desarrollo social es muy relevante. Y en el modelo de la economía de la rosquilla, concebido por la académica de Oxford Kate Raworth, esas variables se consideran. Dicho modelo tiene una conceptualización tan sencilla como poderosa, que ella grafica con una rosquilla a la cual pone dos límites: uno que va por debajo y que dice relación con las privaciones humanas críticas (hambre, frío, soledad, enfermedad, etc.) y otro que está por sobre y que dice relación con el techo ecológico (la capacidad del planeta de reproducir sus bienes naturales, de absorber CO_2, de mantener cierta estabilidad climática, etc.), lo que está entremedio de esos dos límites es aquello que denomina como espacio seguro y justo para la humanidad.[93]

¿Cuáles son los límites inferiores? Ella identifica 12 dimensiones: alimentación, salud, educación, renta y trabajo, agua y saneamiento, energía, redes (humanas y técnicas), vivienda,

92 Jackson, Tim. *Prosperity without growth*. Earthscan, Dunstan House, London, 2009.

93 Raworth, Kate. *Economía rosquilla: 7 maneras de pensar la economía del siglo XXI*. Ed. Paidós, 2018.

igualdad de género, equidad social, participación política y paz y justicia. Nos encontraremos en una sociedad con privaciones críticas si al observarla podemos ver déficit en estas áreas y, por lo tanto, deberíamos apuntar a un desarrollo económico que ayude a superar ese déficit.

En lo que se refiere al techo ecológico, Raworth identifica nueve límites que ya fueron descritos previamente por la literatura relevante: el cambio climático, la acidificación de los océanos, la contaminación química, la carga de nitrógeno y fósforo, la extracción de agua dulce, la conversión de tierras, la pérdida de biodiversidad, la contaminación atmosférica y la reducción de la capa de ozono. En todos esos casos, existe un indicador medible del límite y la posibilidad de conocer el valor actual y la tendencia. Como imaginarán, en todos existe una tendencia hacia sobrepasar los límites, con la única excepción de la capa de ozono, que gracias al esfuerzo de la humanidad hacia finales del siglo XX se logró revertir una tendencia hacia su empeoramiento.

Concebir un techo ecológico o un límite planetario cambia absolutamente el juego que la economía venía planteando, lo mismo que replantear la necesidad de que en nuestra organización social miremos qué tipo de desarrollo queremos y cómo lo lograremos.

El sistema económico (aquello que denominamos "la economía") en el que nos desenvolvemos hoy en día no está construido desde la base para cumplir con objetivos de satisfacción de las necesidades de las personas ni de mejorar el bienestar general, sino que toma eso como un supuesto y se construye desde otra base: la reproducción del capital.

La lógica tras esto es la fe en que las actividades que reproducen el capital van a mejorar las condiciones de vida de las personas. ¿Cómo y por qué? Supuestamente podríamos de manera descoordinada pero armónica (a través de los mercados) decidir colectivamente cuáles son las actividades que valoramos más. Luego, esas actividades más valoradas tenderán a producirse más porque al ser más valoradas existe un incentivo para las personas, generalmente monetario, de llevar a cabo esas actividades y, entonces, existe una mayor posibilidad de que se genere bienestar colectivo.

Supongamos que valoramos mucho el consumo de frutas y verduras. Vamos a comprar más frutas y verduras, cuestión que hará que exista una mayor necesidad de producirlas para satisfacer la demanda y entonces más gente, movida por el incentivo monetario, se dedicará a esta producción. ¿Ello seguirá creciendo hasta que la demanda sea satisfecha? No, lo hará hasta el punto en que sigue existiendo suficiente demanda como para poder justificar los costos de ofertar las frutas y verduras. O sea, seguirá creciendo hasta que todos los que pueden pagar aquello que los productores consideran un precio mínimo hayan satisfecho su demanda.

Los que no pueden o no quieren pagar ese precio mínimo se mantendrán insatisfechos en esta demanda, y la lógica de mercado indica que ello es debido a que esas personan valoran más otras cosas en las que prefieren usar sus ingresos. Gastar esos $ 1.000 que vale el kilo de frutas en pagar arriendo o comprar vestuario, por ejemplo. Se supone entonces que esa persona de todas maneras tendrá un mayor bienestar al optar por utilizar sus ingresos en algo que valora más.

A esta lógica se le pueden hacer múltiples críticas, pues contiene múltiples supuestos irreales, pero el que me interesa resaltar ahora es el que se relaciona con la manera en que esta misma lógica termina por borrar los supuestos que le dan lugar, y que deberían ser los objetivos que persigamos al momento de observar el funcionamiento de nuestras relaciones económicas.

Si releemos la descripción anterior, podemos encontrar que uno de los pasos de funcionamiento de los mercados es el hecho de que haya productores con incentivos suficientes. Ese incentivo aseguraría la satisfacción de las necesidades y el aumento del bienestar. ¿Pero realmente lo hace?

Uno de los problemas que enfrentamos es que el pensamiento económico clásico y la manera en que las políticas públicas siguen pensando en la economía no hacen ninguna reflexión al respecto. Simplemente creen que si hay más inversión en un área y más producción, entonces, hay más bienestar. Para los grandes números, es igual si esa producción es de armas, juguetes, casas o verduras. Y peor aún es lo que ese pensamiento no cuenta: no cuenta actividades productivas de cuidados (como la producción de alimentos dentro del hogar o la atención de niños y ancianos), no cuenta actividades no productivas (jugar con los hijos, conversar con la pareja, juntarse con los amigos) y no considera la destrucción del patrimonio ambiental y su impacto tanto presente como futuro.

Al no contar estas variables y no mirar nada más que los números de la inversión, la lógica basal en la que suponíamos que el bienestar de las personas aumentaría de manera sincrónica con las inversiones no solo se vuelve invisible, sino que además se vuelve irrelevante, propiciando una defensa fanática (ilógica) de la inversión, sin reflexión sobre sus efectivos impactos en el bienestar general.

¿Estamos entonces incentivando actividades que aumentan el bienestar personal y general? Cómo medir eso es complejo, pero la pregunta es muy importante, y la economía clásica tomó un atajo que nos ha costado un planeta: en lugar de medir bienestar, mide inversión.

Se automatiza así una lógica que es completamente irreal, por la que una mayor inversión es siempre lo que debe preferirse. De ese modo y mirado desde el prisma de "más inversión = mejor vida", sería preferible tener una fábrica de armamento de guerra que un hogar donde vivir de manera adecuada, y de hecho sería muy preferible si esa fábrica se instalara en un lugar donde haya que demoler un barrio, pues tanto la demolición del barrio como la construcción de la fábrica y la construcción del nuevo barrio se sumarían como inversiones, y aunque el resultado sea una vida peor, eso es irrelevante y se dirá que todo lo anterior genera empleo, por lo que es positivo. De la misma forma, una mina de oro y hierro será preferible antes que un santuario de la naturaleza que alberga comunidades de vidas y que genera una productividad marina que les da trabajo a cientos de personas de manera sustentable en el tiempo.

La ceguera voluntaria de algunos economistas termina convirtiendo al sistema económico en un sistema cuya variable principal es la reproducción de los capitales, y no el bienestar. Hay veces en que ambas cosas coinciden y la defensa de este modo de pensar la economía enfatizará en sus supuestos y en las historias de éxito para defenderse. No dudo de que existe un impulso inicialmente valorable en pensar la economía como he descrito, pero tampoco dudo de que al mirar el resultado actual debemos reconocer el fracaso y buscar con intensidad la forma de salir de él para, enfatizando el bienestar individual y colectivo, situarnos dentro de los límites de la naturaleza.

La crisis económica provocada por el Covid-19 es un buen espacio para que se produzca una mayor discusión sobre este asunto, tomándose especialmente en cuenta que el freno que se le puso al mundo por un momento puede ser una gran oportunidad para retomar la marcha con un camino diferente.

Ojalá la muerte y la enfermedad hayan sido una alerta suficiente, pues, como hemos visto, las salidas están a nuestro alcance en la medida en que tengamos la suficiente fuerza colectiva como para tomarlas.

VIII. Reflexiones finales

A lo largo de este libro he intentado describir lo que sería una Constitución Ecológica y argumentar en favor de ella, entendiendo que es un arreglo normativo que nos favorecería como colectividad y con el que podríamos mirar al futuro con un poco más de esperanzas y tranquilidad.

Para ello, el primer análisis tuvo que ver con las razones por las cuales necesitamos una Constitución Ecológica y cómo ella podría ayudarnos a superar los grandes desafíos que tenemos como generación, todos y todas quienes vivimos en este momento en esta Tierra. La crisis climática y ecológica que amenaza nuestra existencia y que ha sido causada por nuestro actuar irresponsable es un telón de fondo para este proceso constituyente y para el proceso global de cambios sociales. Tenemos la posibilidad de debatirlo antes de que las condiciones sean peores y esta ventana de oportunidad es muy relevante.

En esa discusión, la manera en que las estructuras sociales configurarán nuestras relaciones en el futuro es una variable muy importante. Las relaciones entre nosotros, pero también las relaciones con la naturaleza. El Derecho no ha podido aún dar con las claves para proteger efectivamente nuestro entorno y este trabajo pretende ser un aporte en esa búsqueda, que se hace posible hoy en día precisamente porque nos encontramos reconstituyendo Chile, repartiendo nuevamente el poder y reflexionando por primera vez sobre el país que queremos.

La Constitución Ecológica será un conjunto de normas que de manera transversal ecologicen el sistema jurídico. Hemos revisado principios para el funcionamiento del Estado, para la interpretación de las normas, para guiarnos en el modo de hacer sociedad. Asimismo, derechos fundamentales que configuren los mínimos aceptables para las personas en materia ambiental, pero también que reconozcan el valor de la naturaleza, sus elementos y los animales.

Hemos explorado límites al accionar humano que impidan que en virtud de los incentivos a la eficiencia y la producción se destruyan las posibilidades de bienestar colectivo y futuro. También se ha reflexionado sobre la distribución de poder y sobre el bienestar, asociado a los bienes naturales comunes. Finalmente, hemos tratado sobre la configuración orgánica del Estado, tanto desde un punto de vista territorial como institucional, para observar las maneras en que podría propenderse de mejor manera a la protección del medio ambiente.

Claramente, el desafío no termina en la Constitución, y por lo mismo en la última sección se han reabierto los problemas y se ha lanzado el siguiente desafío, que está relacionado con el cambio en nuestro modo de vida y el cambio en las estructuras económicas. No podemos perder de vista esos desafíos mientras hacemos todo lo posible por tener una Constitución Ecológica, pues sabemos que no es únicamente el ordenamiento jurídico el que no logra dar el tono para la protección de nuestro entorno, sino que es, además, un problema que cruza diversas estructuras.

Así entonces, este libro pretende a la vez dar una propuesta concreta en materia constitucional y abrir la puerta a una nueva discusión, que también tendremos que estar dando.

Si me ha seguido y leído hasta acá, le agradezco mucho su tiempo y dedicación y espero que esta obra le haya servido para reflexionar sobre los temas que trato. La y lo invito además a convertirse en un/a activista por la Constitución Ecológica y participar en todas las instancias posibles dentro del proceso constituyente (y en el futuro), para, así, lograr hacernos de los mejores arreglos normativos para protegernos, proteger la naturaleza y el futuro.

La verdad es que casi todo lo dijo antes y mejor Nicanor Parra:[94]

Dice compañero, léase ecompañero
"compromiso" ecompromiso
"constitución
hay que luchar x una econstitución

94 Parra, Nicanor. *El cielo se está cayendo a pedazos. Ecopoemas*, Vegueta Ediciones, Barcelona, 2016, p. 53.

www.ingramcontent.com/pod-product-compliance
Lightning Source LLC
LaVergne TN
LVHW060308051026
849517LV00003B/1028
* 9 7 8 9 5 6 3 2 4 8 7 6 0 *